21世纪高等院校计算机应用规划教材

C语言程序设计上机实验及学习指导

主　编　王珊珊　尤彬彬　朱　敏　张定会

南京大学出版社

内容简介

本书是作者编写的另一本理论教材《程序设计语言——C》(清华大学出版社)的配套教材。即可用作大学各专业学习C语言的初学者的实践教材,又可以用作全国或江苏计算机等级考试二级C语言的学习和辅导教材。

本书内容丰富,主要包含四部分内容:第一部分为上机实验,包括与理论教材中各章配套的上机实验共十一个。第二部分为与理论教材对应的共十一章的精选知识点、例题及解析、练习题。第三部分为课程设计。第四部分为笔试样卷及答案。教材最后给出的附录A内容为要求掌握的基本算法,附录B为第二部分练习题参考答案。

本书适用于大学本科理工类各专业学习C程序设计语言,同时也适用于自学C语言的读者。

图书在版编目(CIP)数据

C语言程序设计上机实验及学习指导 / 王珊珊等主编. —南京:南京大学出版社,2016.1(2019.1重印)
21世纪高等院校计算机应用规划教材
ISBN 978-7-305-15961-9

Ⅰ.①C… Ⅱ.①王… Ⅲ.①C语言-程序设计-高等学校-教学参考资料 Ⅳ.①TP312

中国版本图书馆CIP数据核字(2015)第240600号

出版发行 南京大学出版社
社　　址 南京市汉口路22号　　邮　　编 210093
出 版 人 金鑫荣

丛 书 名 21世纪高等院校计算机应用规划教材
书　　名 C语言程序设计上机实验及学习指导
主　　编 王珊珊　尤彬彬　朱　敏　张定会
责任编辑 王秉华　单　宁　　编辑热线 025-83596923

照　　排 南京理工大学资产经营有限公司
印　　刷 南京新洲印刷有限公司
开　　本 787×1092　1/16　印张 11.5　字数 280千
版　　次 2016年1月第1版　2019年1月第4次印刷
ISBN 978-7-305-15961-9
定　　价 35.00元

网　　址:http://www.njupco.com
官方微博:http://weibo.com/njupco
官方微信号:njupress
销售咨询热线:(025)83594756

前　言

C 语言是由 UNIX 的研制者美国贝尔实验室的 Dennis Ritchie 和 Ken Thompson 于 1970 年研制出来的，它伴随着计算机的发展走到了今天。

C 是一种支持过程化的、实用的程序设计语言，是高校学生学习程序设计的一门必修专业课程，同时也是编程人员广泛使用的工具。学好 C，可以触类旁通其他语言，如 C++、Java、C#、VB 等。

本书是作者编写的另一本理论教材《程序设计语言——C》（清华大学出版社）的配套教材，是在作者总结过去二十几年的教学和编程实践经验的基础上编写而成的。本书内容丰富，即可用作大学各专业学习 C 语言的初学者的实践教材，又可以用作全国或江苏计算机等级考试二级 C 语言的学习和辅导教材。本书目前被用作南京航空航天大学本科各专业的程序设计实践教材。

本书主要包含四部分内容：第一部分为上机实验，对 C 语言的集成开发环境 Visual C++ 6.0 做了介绍，同时给出了理论教材中各章的配套上机实验共十一个。第二部分为各章知识点、例题及解析、练习题，针对各章的理论教学难的点和重点，精选共十一章的知识点和难点，对每个知识点给出例题并做出详尽的解析，在各章的最后给出练习题供同学自行练习，巩固理论教学内容。第三部分为课程设计，给出课程设计的总体要求，并提供几个课程设计选题。第四部分为笔试样卷及答案。教材最后给出的附录 A 内容为要求掌握的基本算法，附录 B 为第二部分练习题参考答案。

本书在教材编写组充分酝酿和讨论的基础上编写而成，第一部分由王珊珊执笔；第二部分的第 1 ~ 4 章由朱敏执笔、第 5 ~ 8 章由尤彬彬执笔、第 9 ~ 11 章由张定会执笔；第三部分由王珊珊、朱敏、张定会执笔。全书由王珊珊负责统稿。王珊珊仔细通读了本书，在基本概念以及文字叙述上做了把关。参加本书编写工作的还有臧冽、张志航、张卓莹、潘梅园。

本书全部内容的建议学时为：上机实验 50 小时、课程设计 16 小时、理论教学 32 学时（内容另行安排）。本书的实验环境是 Visual C++ 6.0，本书全部例题和习题均在该环境中已通过编译和运行。

本书必定会存在疏漏、不妥和错误之处，恳请专家和广大读者指教和商榷。几位主编作者的电子邮件为：shshwang@nuaa.edu.cn（王珊珊），youxm@nuaa.edu.cn（尤彬彬），zhumcn@163.com（朱敏），zdh_lg@163.com（张定会）。

《C 语言程序设计上机实验及学习指导》教材编写组

2016 年元月

目　录

第一部分　上机实验

第二部分　各章知识点、例题及解析、练习题及答案

第三部分　C语言课程设计

第四部分　笔试样卷及答案

第一部分

上 机 实 验

一　上机环境介绍

一、VC++6.0 集成环境和程序开发过程简介

Visual C++ 6.0 集成开发环境中集成了编辑器、编译器、连接器以及程序调试环境，覆盖了开发应用程序的整个过程，用户在这个环境中可以开发出完整的应用程序。它兼容 C 语言程序的开发。

程序开发的一般步骤是：输入源程序文件、编译、连接、运行、调试和修改，如图 1-1 所示。

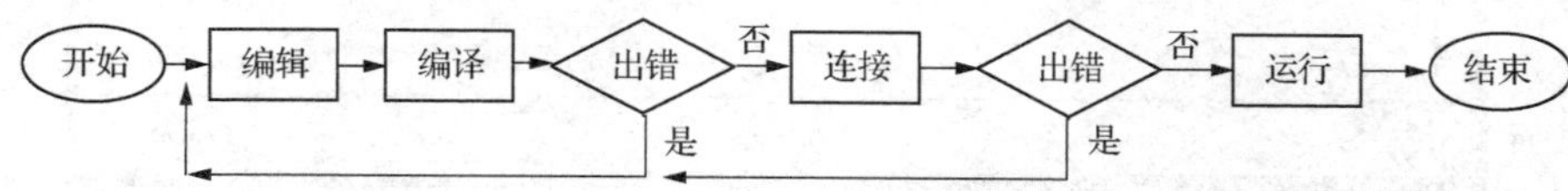

图 1-1　程序开发的步骤

启动VC++，可用下述两种方法之一：

- 在桌面上选择 Visual C++ 6.0 图标，并双击之。
- 单击任务栏“开始”按钮，选择“所有程序 | Microsoft Visual Studio 6.0 | Microsoft Visual C++ 6.0 ”。

下面介绍利用 VC++的缺省项目管理方式，开发简单的 C 语言控制台程序的过程。

1. 创建新的源程序（新建）

假定用户连续创建两个新的 C 语言源程序 ex1. c，ex2. c，可按如下步骤进行：

(1) 在 Windows 资源管理器中，在 D 盘以自己的学号姓名为名字创建文件夹，如“031510899 张三”，用于存放本次实验内容。

(2) 启动 VC++6.0 集成环境，界面如图 1-2 所示。

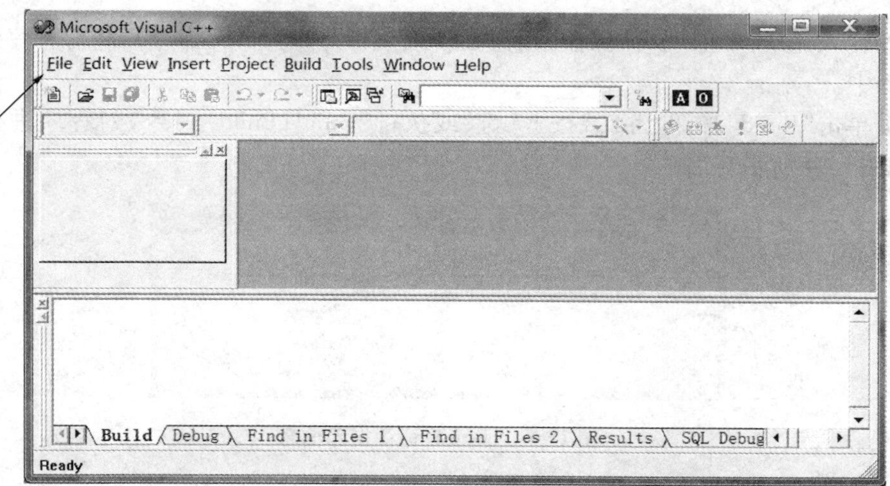

图 1-2　VC++6.0 界面

(3) 执行“File|New”命令，选“Files”标签,出现图 1-3 所示对话框。

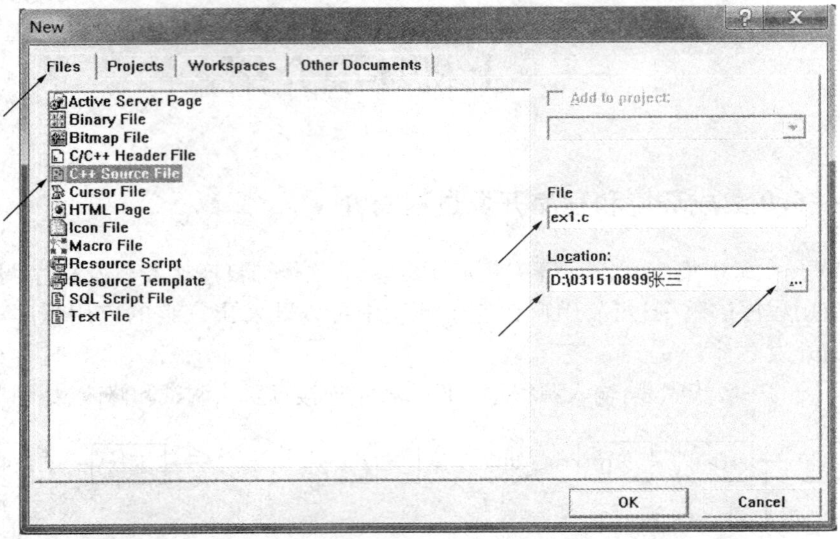

图 1-3 “File|New”对话框,“files”标签

① 在左侧窗口中,选择创建文件的类型为C++ Source File。

② 在 File 编辑框中输入 ex1.c。

③ 在 Location 编辑框中选定(单击“浏览”按钮 ... 进行选定)或输入“D:\031510899张三”,表示将新创建的源程序文件 ex1.c 存入该文件夹中。

④ 单击“OK”按钮。

(4) 在 VC++6.0 集成环境中,在文本编辑窗口(参看下页集成环境窗口)中输入源程序:

```
#include <stdio.h>
main()
{
   printf("C programming is powerful!\n");
}
```

(5) 输入完毕,单击“Save 保存”按钮 (或执行“File|Save”命令),将源程序保存入文件 ex1.c 中。

(6) 单击“Build”按钮 (或按 F7 键,或执行“Build|Build”命令)对程序进行编译连接,出现图 1-4 所示对话框。

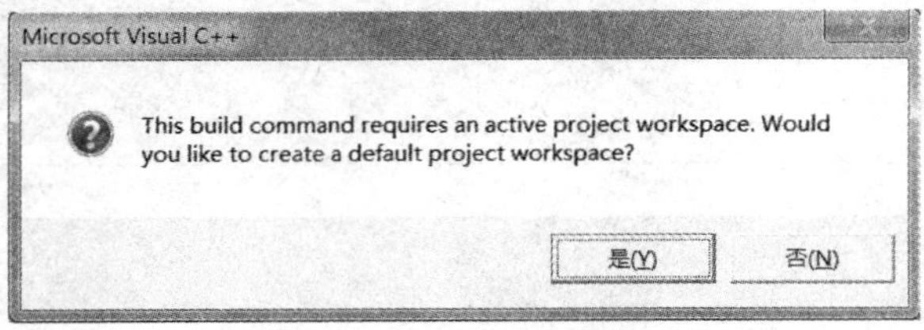

图 1-4 “Build”命令提示信息

询问用户是否建立一个缺省的项目工作空间,用户单击“是(Y)”按钮,系统对程序进

行编译和静态连接。若程序无错，则窗口变为如图 1-5 所示界面。若程序中有编译错误，则根据出错信息修改源程序后，重复第(6)步直到没有错误。注意：该步骤是将开发程序中的“编译”和“连接”工作按顺序完成。另一个按钮 表示只进行编译，不进行连接。

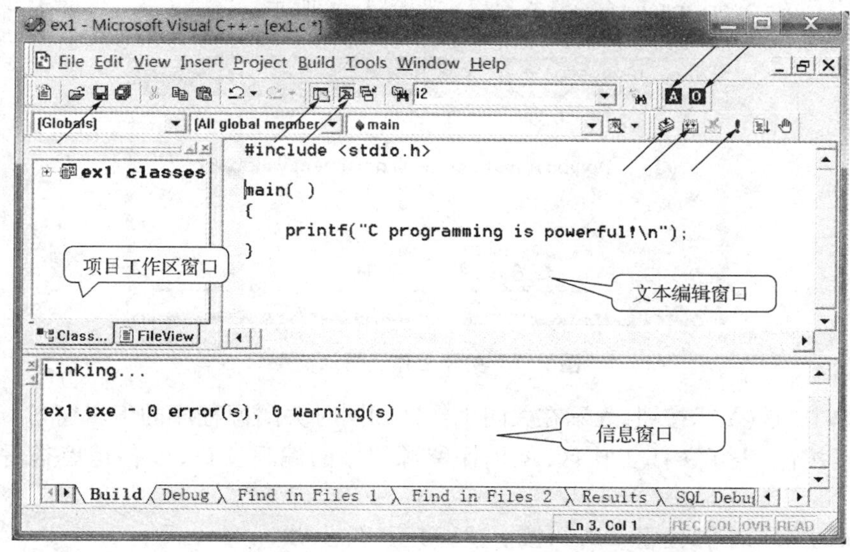

图 1-5　编译成功信息窗口

上图集成环境窗口有三个子窗口：

• 项目工作区窗口：在此窗口中显示：工作区名称、系统资源等信息。可单击“Workspace”按钮 来显示和取消该窗口。

• 文本编辑窗口：在此窗口中，输入源程序。

• 信息窗口：在此窗口中显示出错信息或调试程序的信息。可单击“Output”按钮 来显示和取消该窗口。当信息窗口出现“ex1.exe - 0 error(s), 0 warning(s)”时，表示程序无编译错误，然后可进行下一步第(7)步操作：执行程序。若有错，则在信息窗口列出若干出错信息行，双击出错信息行，则在程序文本编辑窗口，光标自动定位于出错行。一般地，应从第一个出错信息行开始修改错误。

注意：在工具栏的右上方有两个按钮 A 和 O，A 代表“Project|Add to Project|Files”菜单命令，O 代表“File|Open File”菜单命令。这是因为 VC++6.0 在 Windows 7 操作系统中存在兼容性问题，无法正确使用这两个命令，软件打补丁后出现的。

(7) 单击“Execute Program”按钮 !（或按 Ctrl+F5 键，或执行“Build | Execute ex1.exe”命令）执行程序，屏幕出现如图 1-6 所示窗口。

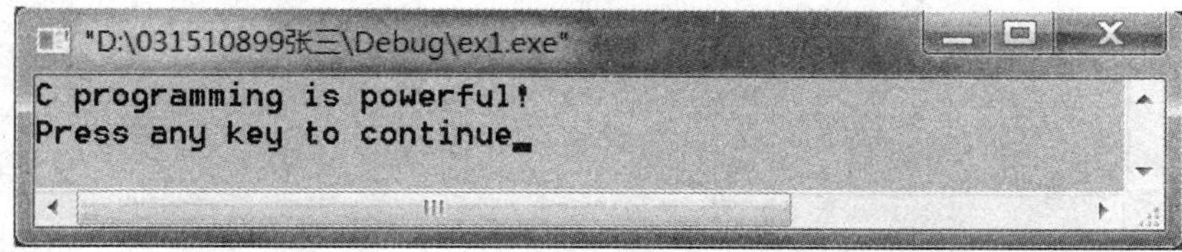

图 1-6　执行程序（输出结果显示窗口）

在此窗口中,显示输出结果,用户按任意键(Press any key to continue)返回集成环境。用户还可以根据程序的需要在此窗口输入数据。

(8) 当完成了 ex1.c 的开发,欲进行下一个程序的开发,则首先要关闭本程序的工作区,执行“File | Close Workspace”命令,系统提示如图 1-7 所示。

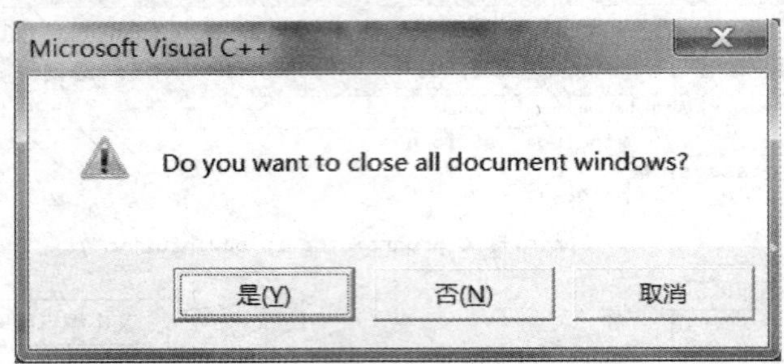

图 1-7 关闭工作区提示信息

用户单击“是(Y)”按钮,表示在关闭工作区的同时关闭源程序的编辑窗口。若用户单击“否(N)”按钮,表示关闭工作区,但仍保留源程序的编辑窗口,以备稍后查看修改该源程序。

(9) 新建第二个源程序 ex2.c,按上述(3)至(8)步做。

(10) 用户可在 VC++集成环境的菜单“ Window”中切换当前编辑的多个源程序窗口。

(11) 完成实验后,可将文件夹“D:\ 031510899 张三”中源程序文件 ex1.c、ex2.c 等做成压缩文档,保存到 U 盘或按教师指定的方法上交本次作业。

2. 修改老的程序(修改)

公共机房的计算机不是个人专用的,用户硬盘每天清空,或者下一次上机换了一台计算机,此时用户欲修改前一次上机时保存在 U 盘中的老的(即以前开发的)C 语言源程序如 ex1.c、ex2.c,可按如下步骤进行:

(1) 在工作盘如硬盘 D 盘中建立文件夹“D:\ 031510899 张三”,将以前做过的存在 U 盘中源程序拷入该文件夹。在资源管理器中观察,图标是 C 的,就是 C 语言源程序,一般自动关联到 VC++应用程序上。双击打开.c 源文件,即可修改运行该源程序。

或者按照下述(2)~(3)步进行:

(2) 启动 VC++6.0 集成环境。

(3) 单击按钮(或执行“File|Open”菜单命令,注意若操作系统是 Windows 7,则用按钮替代),查找到指定文件夹中的 ex1.c,打开它,如图 1-8 所示。

(4) 修改并运行完成当前的 ex1.c 源程序后,关闭程序 ex1.c 对应的工作区,再打开另一个源文件 ex2.c 进行修改。

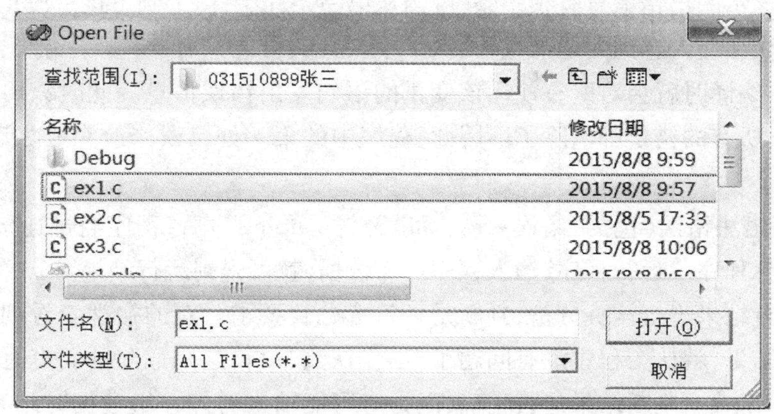

图1-8　打开源文件对话框

二、VC++6.0 程序调试

程序的开发步骤是:输入程序、编译连接运行程序、修改错误,直至将一个完整、正确的程序设计出来的过程,程序调试是指对程序的查错和排错工作。

程序的错误一般分为语法错误和逻辑错误两种。编译时出现的错误一般是语法错误,可根据编译时的“出错信息”,判断出现错误的语句。逻辑错误一般指程序算法流程设计和处理上的错误,程序运行结果不正确一般是程序逻辑错误造成的,所以需要根据算法流程来查找出错原因,这不是一件简单的事情,要求对算法的各个环节以及实现算法的各条语句有一个全面充分的认识,才能找出原因。还有一种运行时错误往往是由于程序对系统资源的使用不当造成的,一般也是程序的逻辑错误引起的。

调试程序一般应经过以下几个步骤:

1. 首先进行人工检查,即静态检查。作为一个编程人员应当养成严谨的科学作风,每一步都要严格把关,不把问题留给后面的工序。

为了更有效地进行人工检查,所编写的源程序应注意力求做到以下几点:

(1) 应当采用缩进式书写格式,每行写一条语句,以增强程序的可读性。例如复合语句花括弧的匹配,若采用缩进式书写格式,就不容易出错。

(2) 在程序中尽可能多地加注释,以帮助理解每段程序的作用。

(3) 在编写复杂的程序时,不要将全部语句都写在 main 函数中,而要多使用函数,用一个函数来实现一个单独的功能。这样既易于阅读也便于调试。

2. 在人工(静态)检查无误后,才可以上机调试。通过上机发现错误的过程称为动态检查。在编译时系统会给出语法错误的信息(包括哪一行有错以及错误类型),可以根据提示信息具体找出程序中出错之处并改正之。应当注意的是:有时提示的出错行并不是真正的出错行,如果在提示出错行上找不到错误的话应当到可能的相关行再找。另外,有时提示的出错的类型并非绝对准确,由于出错的情况繁多而且各种错误互有关联,因此要善于分析,找出真正的错误,而不要死抱住提示的出错信息不放。

如果系统提示的出错信息有很多条,应当从第一条开始,由上到下逐一改正。有时显示多条错误信息往往使人感到问题严重,无从下手。其实可能只有1~2个错误。例如,若某一变量未定义,编译时就会对所有使用该变量的语句发出错误信息。此时只要在前面增加一个变量定义,所有的错误都消除了。因此,程序中的第一处错误修改完成之后,应立刻重新编译该程序。

3. 在改正语法错误(包括“错误 error”和“警告 warning”)后,程序经过连接(link)就得到可执行的目标程序。运行程序,输入程序所需数据,就可得到运行结果。

应当对运行结果进行认真分析,判断是否符合题目要求。有的初学者看到针对一组数据输出了正确结果,就认为程序没有问题了,不作认真分析,这是危险的。有时程序比较复杂,难以根据一组数据判断结果是否正确,因为有可能输入另外一组数据时结果就不对了。所以应事先设计好一批全面的“实验数据”(测试数据),以验证在各种情况下程序的正确性。

事实上,当程序复杂时,很难把所有的可能的输入数据方案全部都测试一遍,选择典型数据做实验即可。

若程序的运行结果不对,大多属于逻辑错误。对这类错误往往需要仔细检查和分析程序逻辑才能发现。可以采用以下办法:

- 先检查流程图有无错误,即算法有无问题,如有错则改正之,接着修改程序。将程序与流程图(或伪代码)仔细对照,如果流程图是正确的话,程序写错了,是很容易发现的。
- 采取“分段检查”的方法。在程序不同的位置加入几个输出(printf)语句,输出有关变量的值,逐段往下检查。直到找到在某段中的变量值不正确为止。这时就把错误局限在这一段中了。不断缩小“查错区”,就可能发现错误所在。

在学习了函数和数组后,程序变得越来越复杂了,这时可使用 VC++ 系统提供的强有力的调试工具 Debug,跟踪程序的执行找出若干运行错误。下面用一个具体例子,说明VC++ 调试程序 Debug 的使用。

例子程序的功能是:输入数组的7个元素值,将数组元素逆序存储后输出。

假定程序文件名为 ex3.c,程序如下:

```
#include <stdio.h>
main()
{  int a[7], i, j, t;
   printf("Please input 7 elements: ");
   for (i= 0; i<7; i++)
        scanf("%d", & a[i]);                      //A
   for(i= 0 , j=6; i<j; i++ , j-- )
   {                                              //B
     t = a[i];
     a[i] = a[j];
```

```
            a[j]=t;
        }
        for (i=0;i<7;i++)                        //C
            printf("%d  ",a[i]);
        printf("\n");
        getchar ();                              //D
    }
```

输入以上程序并编译连接通过后，按 F10 键，进入调试状态。注意在调试状态下，Build 菜单变成 Debug 菜单，界面如图 1-9 所示。

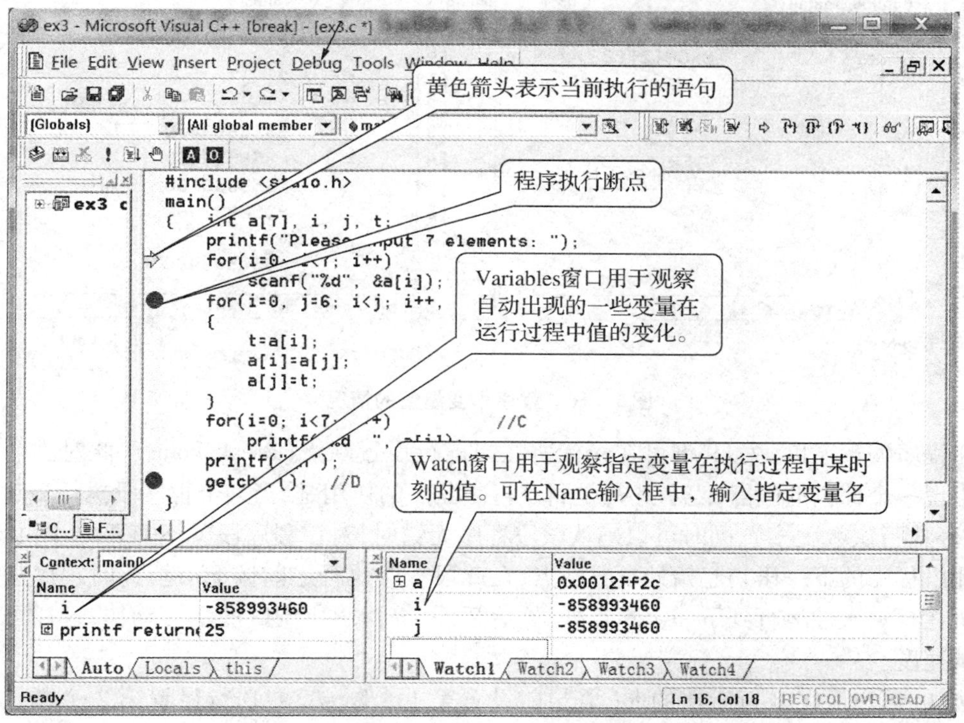

图 1-9　Debug 界面

在调试阶段，各常用快捷键及功能如下：

快捷键	工具按钮	功能	菜单命令
F10		单步跟踪执行，不进入被调用函数	Debug | Step Over
F11		单步跟踪执行，进入被调用函数	Debug | Step Into
Shift + F5		退出调试状态	Debug | Stop Debugging
F5		执行到下一个断点处	Debug | Go
F9		在光标所在行设置/取消断点	Edit | Breakpoints

调试程序时，连续按 F10 键，单步执行执行各语句，按一次 F10，执行一条语句，当程序

执行到A行时,无法继续执行,因为此时系统等待输入数据,用户在操作系统的任务栏中激活程序ex3的执行窗口,窗口中有提示信息Please input 7 elements:,可在提示信息后输入7个任意数据,如输入1 2 3 4 5 6 7 <回车>,按回车后,再激活程序调试窗口。

在Watch窗口的第1个Name域中输入a,第2第3个Name域中分别输入i和j,单击数组名a前的"+"号,此时"+"号变成"-"号,表示展开了a数组元素,可观察a数组中各元素值。再单击a前的"-"号,则a数组元素折叠,又变回"+"号。

继续按F10键单步执行各语句,当程序执行每次到达A行或B行时,在Watch窗口观察数组a中的元素及变量i和j的变化,同时也可在Variables窗口查看变量值。图1-10是数组前3个元素输入完成时,程序中各变量值的状况。

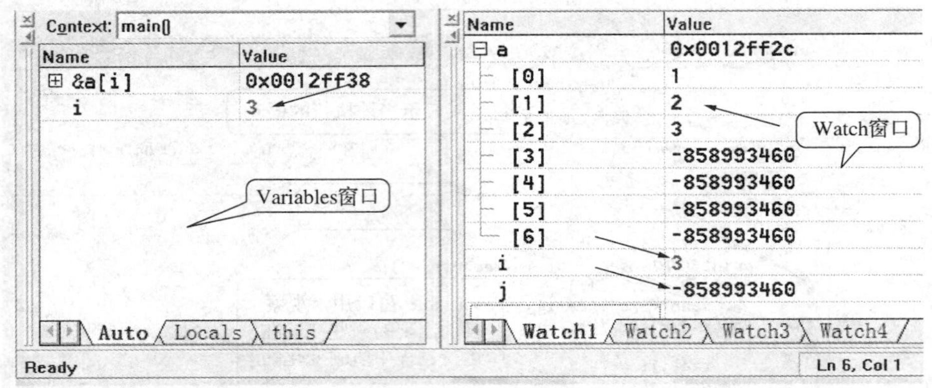

图1-10　程序中变量值的情况

在程序编辑窗口,按F9键可在光标所在当前行设置断点(Break Point),此时当前行的左边出现一个棕色的圆点,表示此行是断点行。断点的作用是,当某个程序段执行步数太多(如循环执行次数太多)、同时可以确认该段程序无错时,对该程序段就不需要单步执行了,可在此段程序的下一语句起始处设置断点,在此段程序执行之前按F5键,此时程序从当前光标所在行一次性运行到下一个断点处,然后暂停,等待用户调试的下一动作,这样可以提高调试速度。

例如,用户可在B行所在的for语句前设置第1个断点,在D行设置第2个断点。按F10键启动调试,按F5键执行到第1个断点(期间需要输入数据),然后连续按F10键单步执行循环,在Watch窗口和Variables窗口观察各变量值的变化,直到B行所在的for循环完毕,程序执行到C行,然后按F5键执行到第2个断点D行。此时,程序已完成输出,用户可以从任务栏切换到程序的运行窗口观察输出结果是否正确,然后再切换回到调试窗口,继续按F10结束调试过程。注意上述功能键均可以通过对应的工具栏按钮实现,见上述快捷键列表。

还有一点需要注意,按F10键为单步执行一条语句,若遇到函数调用语句,也是作为一条语句的(一次执行完毕),因此若需要跟踪执行到被调函数内部,则在函数调用语句行需要按F11键,进入被调函数,在被调函数内部,再按F10键继续单步执行。

二　上机实验内容

上机实验总的目的和要求

目的：

(1) 熟悉 VC++6.0 程序开发集成环境，掌握 C 语言程序开发步骤。

(2) 通过多次上机实习，加深对课堂教学内容的理解。

(3) 学会上机调试程序。

要求：

(1) 每次上机前复习课堂上讲过的内容，预习实验内容。对于实验内容的每一题，以书面形式编写好程序，人工检查无误后才能上机，以提高上机效率。书面编写的程序应以缩进式书写风格书写整齐。编程时，思路要放开，应尽可能用多种算法实现。

程序缩进式的书写风格，基本要求如下：（教材中和学习指导中没有按照这个格式书写是为了节省版面）

① 每行写一条语句；

② #include 和 main 之间空一行；

③ main 下一行的行首输入开花括号后立刻输入回车键；

④ 变量定义语句和可执行语句之间空一行；

⑤ 函数之间空一行；

⑥ 同一层次的缩进，开花括号和闭花括号要在同一列上；

⑦ 变量定义语句，如 int x, y, z; 每个逗号之后、下一个变量之前空一格。

(2) 上机实习时应独立思考，刚开始上机时，对于一些编译错误，若自己解决不了，可请老师帮助解决。随着上机次数的增加，同学对编译出错信息等应该有意识地做一些积累，达到最终能独立调试程序的目的。

(3) 每次上机结束后，应将程序按照教师指定的方法上交，并整理出实验报告，内容包括：题目及源程序清单。同学可准备一个笔记本或活页夹，将每次上机实验通过的源程序记录于此本中，以备复习或与别的同学交流算法。另外也需要准备一个 U 盘，用于保存源程序。

(4) 本手册包括 11 个实验，可在 U 盘上建立文件夹"C 语言实验程序"，并在其下建立 11 个子文件夹，每个子文件夹中保存相应实验的源程序及数据文件清单。文件夹结构如下：

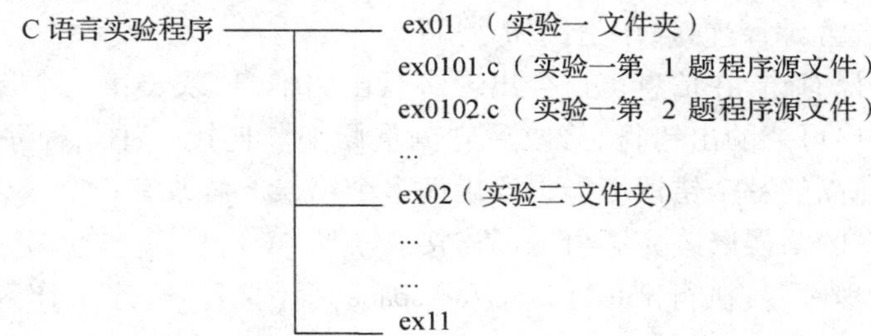

例如:实验一的程序存放在ex01子文件夹中,各题的源程序名按题号分别是ex0101.c、ex0102.c、ex0103.c、ex0104.c等等,其余实验依此类推。

实验一 VC++6.0运行环境和运行多个C程序的方法

一、目的要求

1. 掌握C语言源程序的基本结构,掌握程序缩进式的书写风格。
2. 掌握开发C语言程序的方法与步骤:编译、连接、运行和调试。
3. 熟悉VC++6.0集成环境,掌握连续运行多个C语言源程序的方法。

二、实验内容

注意:每次上机时,编写程序之前,为防止病毒传染,请同学首先清理工作盘D盘(可快速格式化)。然后在D盘建立文件夹,用于将当次实验所做全部源程序存于该文件夹下,便于上交。文件夹的命名为学生自己的学号、姓名以及上机周数(亦可按自己的任课教师指定的方法),如"031510899张三01周",以后每次上机实验均照此办理。

1. 输入并运行以下程序,源程序文件名为ex0101.c。后续实验源程序文件名依此类推。

```
#include <stdio.h>

main()
{
   printf("I am studying ");
   printf("the C Programming Language.");
   printf("\n");
}
```

观察运行结果,结果如下:

```
I am studying the C Programming Language.
```

实验环境使用要点:

(1) 执行File|New创建第1个程序。

(2) 输入字符串的双引号时,必须在英文状态下输入,不能是中文的。

(3) 输入完毕,单击"Save保存"按钮 (或执行"File | Save"命令)保存程序。

(4) 单击按钮 编译连接,单击按钮 ! 执行。

(5) 若程序编译有错,在信息窗口会出现多行出错信息,**双击第1个出错信息行**,然后在源程序窗口会指出可能的出错行,修改后立刻重修编译连接。注意程序改错必须从第1个错误改起,因为前面的一个错误可能引发后面多个错误。修改完一个错误后,应立刻编译连接,而不要把所有的错误修改完了再编译连接。

(6) 完成上述程序后,执行File|CloseWorkspace,关闭当前程序工作区,然后开启下一

程序。

2. 求两个整数之和。

```
#include <stdio.h>

main()
{
    int a, b, c;

    scanf("%d%d", &a, &b);
    c=a+b;
    printf("The sum of A and B is:%d\n", c);
}
```

输入数据时，数据之间必须使用空白字符（<空格>、<TAB>或<回车>）隔开．

因此下述三种方式均可正确输入数据：

① 12 <空格> 6 <回车>

② 12 <回车>
6 <回车>

③ 12 <TAB>6 <回车>

多次运行程序，用不同分隔符分隔输入数据，观察运行结果。

3. 利用求两数之大者的函数，求三数之最大者。源程序为：

```
#include <stdio.h>

int maxx(int x, int y)
{
    int result;

    if(x>=y)
        result=x;
    else
        result=y;

    return(result);
}

main ()
{
    int a, b, c, m2, m3;

    scanf("%d%d%d", &a, &b, &c);
```

```
    m2 = maxx(a, b);
    m3 = maxx(m2, c);
    printf("The max of A , B and C is:%d \n", m3);
}
```

同学可仿照第 2 题的步骤,任意输入三个整数,并运行程序,验证程序的正确性。

4. 在操作系统资源管理器中将上题源程序 ex 0103. c 复制到 ex 0104. c 中,然后打开 ex 0104. c 源程序。将 main( )函数与 maxx( )函数交换位置,然后在 main 函数之前加函数原型声明语句,再编译运行看看效果如何。

```
#include <stdio.h>

int maxx(int x, int y);    //函数声明语句,函数必须先声明再使用

main ()
{
    int a, b, c, m2, m3;

    scanf("%d%d%d", &a, &b, &c);
    m2 = maxx(a, b);
    m3 = maxx(m2, c);
    printf("The max of A , B and C is:%d \n", m3);
}

int maxx(int x, int y)
{
    int result;

    if(x >= y)
        result = x;
    else
        result = y;

    return(result);
}
```

实验二　数据类型、运算符和表达式

一、目的要求

1. 学会使用运算符和表达式,掌握自加(++)和自减(--)运算符的使用。
2. 掌握赋值运算符和表达式、逗号运算符和表达式。
3. 掌握不同数据类型相互赋值时的赋值原则,掌握强制类型转换原则。
4. 上机前,先人工分析出运行结果,与实际运行结果加以对照,并思考原因。

二、实验内容

注意:每次上机之前,清理 D 盘,并建立本人本周实验文件夹,如“031510899 张三 02 周”。

1. 首先人工分析以下程序运行结果,然后输入并运行加以验证。

```
#include <stdio.h>

main()
{
    int x=-040,y=0x40;

    printf("%d,%d\n",x,y);
}
```

2. 首先人工分析以下程序运行结果,然后输入并运行加以验证。

```
#include <stdio.h>

main()
{
    int x;

    x=-3+4*5-6;
    printf("%d\n",x);
    x=3+4%5-6;
    printf("%d\n",x);
    x=-3*4%-6/5;
    printf("%d\n",x);
    x=(7+6)%5/2;            //体会 x 是变量的意义
    printf("%d\n",x);
}
```

3. 首先人工分析以下程序运行结果,然后输入并运行加以验证。

```
#include <stdio.h>

main()
{
    char a='2', b='a';        //提示:输入的单引号必须是英文的
    int c;

    c=b-a;
    printf("%d, %d, %d\n", a, b, c);
    printf("%c, %c, %c\n", a, b, c);
}
```

4. 首先人工分析以下程序运行结果,然后输入并运行加以验证。

```
#include <stdio.h>

main()
{
    int i=7, j=9, m, n ;

    m= ++i;
    n=j ++;
    printf("%d, %d, %d, %d\n", i, j, m, n);
}
```

5. 首先人工分析以下程序运行结果,然后输入并运行加以验证。

```
#include <stdio.h>

main()
{
    int i, j;

    i=16;
    j=(i++)+i;
    printf("%d\t%d\n", i, j);

    i=20;
    j=j-- +i;
    printf("%d\n", j);

    i=15;
```

```
    printf("%d\t%d\t%d\n", i, ++i, i);

    i=10;
    printf("%d\t%d\t%d\n", i++, i++, i);
    printf("%d\n", i);
}
```

6. 首先人工分析以下程序运行结果,然后输入并运行加以验证。

```
#include <stdio.h>

main()
{
    char c1 ='a', c2 ='b', c3 ='c', c4 ='\101', c5 ='\116';

    printf("a%cb%c\tc%c\tabc\n", c1, c2, c3);
    printf("%c%c\n", c4, c5);
}
```

7. 首先人工分析以下程序运行结果,然后输入并运行加以验证。

```
#include <stdio.h>

main()
{
    int a =7;
    float x =2.5, y =4.7, z;

    z =x +a%3 * (int)(x +y)%2 /4;
    printf("%f\n", z);
}
```

8. 首先人工分析以下程序运行结果,然后输入并运行加以验证。

```
#include <stdio.h>

main()
{
    int a =2, b =3;
    float x =3.5, y =2.5, z;

    z = (float)(a +b)/2 + (int)x% (int)y;
    printf("%f\n", z);
}
```

9. 首先人工分析以下程序运行结果,然后输入并运行加以验证。

```
#include <stdio.h>

main()
{
    int a, n;

    a =12;
    a +=a;
    printf("%d\n", a);

    a =12;
    a -=2;
    printf("%d\n", a);

    a =12;
    a *=2 +3;
    printf("%d\n", a);

    a =12;
    a/=a +a;
    printf("%d\n", a);

    a =12;
    n=5;
    a% = (n%  =2);
    printf("%d\n", a);

    a =12;
    a +=a -=a *=a;
    printf("%d\n", a);
}
```

10. 首先人工分析以下程序运行结果,然后输入并运行加以验证。在资源管理器中,将上题源程序 ex0209. c 复制到 ex0210. c 中,然后打开 ex0210. c,修改为下述程序,运行该程序。注意两个程序的不同之处。

```
#include <stdio.h>

main()
{
    int a, n;
```

```
    a =12;
    a +=a;
    printf("%d\n", a);

    a -=2;
    printf("%d\n", a);

    a *=2 +3;
    printf("%d\n", a);

    a/=a +a;
    printf("%d\n", a);

    n=5;
    a% = (n% =2);
    printf("%d\n", a);

    a +=a -=a *=a;
    printf("%d\n", a);
}
```

11. 首先人工分析以下程序运行结果,然后输入并运行加以验证。

```
#include <stdio.h>

main()
{
    int init =2, result;

    printf("The result is %d, %d\n", result =init +8, (result, init));
}
```

12. 首先人工分析以下程序运行结果,然后输入并运行加以验证。

```
#include <stdio.h>

main()
{
    short int a =32767, b;

    b =a +1;
    printf("%d, %d\n", a, b);
}
```

13. 首先人工分析以下程序运行结果，然后输入并运行加以验证。

```
#include <stdio.h>

main()
{
    unsigned short int a =65535;
    short int b;

    b = a;
    printf("%d, %d\n", a, b);//提示:在 VC++6.0 中,int 型量占 4 个字节
}
```

14. 首先人工分析以下程序运行结果，然后输入并运行加以验证。

```
#include <stdio.h>

main()
{
    short int a = -258;
    char b = a;

    printf("%d\n", b);
}
```

15. 首先人工分析以下程序运行结果，然后输入并运行加以验证。

```
#include <stdio.h>

main()
{
    unsigned char c1 =255;
    char c2 =255;
    int a = c1, b = c2;

    printf("%d, %d\n", a, b);
}
```

*16. 首先人工分析以下程序运行结果，然后输入并运行加以验证。

注意：本题为选做题。当第4章C语言流程控制学习完毕，即可知条件运算符的意义，回来再做此题。

```
#include <stdio.h>

main()
{
```

```
    int x=1,y=1,z=1;

    y=y+z;
    x=x+y;
    printf("%d\n", x<y?y:x);
    printf("%d\n", x<y?x++:y++);
    printf("%d\n", x);
    printf("%d\n", y);

    x=3;
    y=z=4;
    printf("%d\n", (x>=y>=x)?1:0);
    printf("%d\n", z>=y&&y>=x);
}
```

实验三　标准设备的输入/输出

一、目的要求

1. 掌握 C 语言中使用最多的一种语句——赋值语句。
2. 掌握数据的输入输出方法,能正确使用各种格式转换符。

二、实验内容

1. 输入并运行以下程序。

```
#include <stdio.h>

main()
{
    int a, b;
    long c, d;
    float e, f;
    double x, y;

    scanf("%d, %d", &a, &b);
    scanf("%ld, %ld", &c, &d);
    scanf("%f, %f", &e, &f);
    scanf("%lf, %lf", &x, &y);
    printf("\n");
```

```
    printf("a = %7d, b = %7d \n", a, b);
    printf("c = %10ld, d = %10ld \n", c, d);
    printf("e = %10.2f, f = %10.2f \n", e, f);
    printf("x = %lf, y = %lf \n", x, y);
}
```

运行时输入以下数据,并请分析运行结果。

123, -456 <回车>

70000, -2174506 <回车>

17.6, -71837.656 <回车>

157.89012123, -0.123456789 <回车>

2. 输入并运行以下程序。

```
#include <stdio.h>

main()
{
    unsigned int u, v;
    char c1, c2;

    scanf("%o, %o", &u, &v);
    scanf("%c, %c", &c1, &c2);
    printf("\n");
    printf("u = %o, v = %o \n", u, v);
    printf("u:dec = %d, oct = %o, hex = %x, unsigned = %u \n", u, u, u, u);
    printf("c1 = %c, c2 = %c \n", c1, c2);
}
```

输入数据:

62000, 53765 <回车>

a, b <回车>

请分析运行结果,特别注意输出 c1、c2 的值是什么? 什么原因?

在 scanf("%c, %c", &c1, &c2); 语句之前加一个语句 getchar(); 再运行,看看结果如何变化。

3. 完善程序。下面的程序求一元二次方程 $ax^2 + bx + c = 0$ 的两个不等实根。系数 a、b 和 c 由键盘输入,且假定 $b^2 - 4ac > 0$。要求输出的实根数据宽度为 6 并保留小数点后 2 位数。

```
#include <stdio.h>
#include __(1)________                    //包含头文件

main(void)
{
```

```
    double a, b, c, disc, x1, x2, p, q;

    __(2)________;          //从键盘输入方程的三个系数
    disc = b * b - 4 * a * c;
    p = - b/(2 * a);
    q = sqrt(disc)/(2 * a);
    __(3)________;          //求两个实根之一 x1 的值
    __(4)________;          //求两个实根之一 x2 的值
    __(5)________;          //输出 x1,格式为 x1 = ?,保留 2 位小数,并换行
    __(6)________;          //输出 x2,格式为 x2 = ?,保留 2 位小数,并换行
}
```

4. 编写程序,输入平面坐标系中的一条线段的两个端点($x1,y1$),($x2,y2$)的坐标 $x1$、$y1$、$x2$ 和 $y2$,计算并输出这两点之间的距离。计算公式:$dist = \sqrt{(x1 - x2)^2 + (y1 - y2)^2}$。

要求:输入的点坐标为实型量,输出的距离保留小数点后 2 位数。

5. 编写程序,用 scanf 函数读入在一行中连续输入的任意三个字母,可大小写混合输入,全部转换成对应的小写字母输出。例如:输入aBC <回车>,则输出:abc。

提示:

(1) 使用 tolower()函数,该函数的功能是将一个字母(不论其是大写还是小写)换成对应小字母。例如:char c1 = 'A', c2; c2 = tolower(c1); 则 c2 即为小写字母 'a'。相关地,另一个函数 toupper()将参数字符转换成对应的大写字母。

(2) 在程序的第一行增加编译预处理命令:#include <ctype.h>,因为 touppter()和 tolower()这两个函数的原型在头文件 ctype.h 中。

6. 编写程序,用 getchar()函数读入两个字符给 c1、c2,然后分别用 putchar()函数和 printf()函数输出这两个字符。并思考以下三个问题:

(1) 变量 c1、c2 应定义为字符型或整型?拟或二者皆可?

(2) 若要求输出 c1 和 c2 值的 ASCII 码,应如何处理?用 putchar()函数还是 printf()函数?

(3) 整型变量与字符变量是否在任何情况下都可以互相替代?如:char c1, c2; 与 int c1, c2; 是否无条件等价。

实验四　C 语言的流程控制

一、目的要求

1. 掌握 C 语言逻辑量的表示方法,学会正确使用逻辑运算符和表达式。
2. 熟练掌握 if 语句和 switch 语句。
3. 熟练掌握用 while 语句、do - while 语句和 for 语句实现循环的方法。
4. 掌握在程序设计中用循环的方法实现各种算法,如分段函数的计算、求多项式累加

和(累乘积)、穷举法等。

二、实验内容

1. 已知数学函数：

$$y=\begin{cases}1.5x+7.5 & x\leqslant 2.5\\ 9.32x-34.2 & x>2.5\end{cases}$$

编写程序分别求当 x = 1.5、2.5 和 10.5 时，结果 y 的值。提示：多次运行程序，每次输入不同的 x 值。

2. 编写程序，任意输入三个整型量 x、y、z，然后按照自小到大的顺序输出这三个量。例如，若输入 6、3、5，则输出 3、5、6。要求：(1) 只能用嵌套的 if 语句实现。(2) 不能交换变量 x、y、z 的值。提示：对于不同的数值输入顺序，有 6 种可能的变量输出顺序，即按照从小到大，输出的顺序可能是下述六种之一，xyz，xzy，yxz，yzx，zxy，zyx。

3. 编写程序，输入平面坐标体系下的一个点坐标 x 和 y 的值，当该点落在第 1 象限时输出 1，落在第 2 象限时输出 2，落在第 3 象限时输出 3，落在第 4 象限时输出 4；落在坐标轴或原点上，则输出 5。

4. 编写程序，向用户提示："请输入考核等级(A ~ E)："，接受从键盘上输入的五级计分制成绩等级(A ~ E)并将其转换成对应的分数段输出，转换规则为：若输入 A 或 a(即大小写字母做相同处理，后面类推)，则输出 90 ~ 100；若输入 B 或 b，则输出80 ~ 89；若输入 C 或 c，则输出 70 ~ 79；若输入 D 或 d，则输出 60 ~ 69；若输入 E 或 e，则输出0 ~ 59。若输入其他字母等级，则输出 error。要求用 if 语句实现。

5. 完成与上一题同样的功能，要求用 switch 语句实现。

6. 至少用两种算法编程实现：求 1 到 100 中的**奇数和**，并输出结果。算法提示(1)对循环变量 1 ~ 100 循环，判断循环变量若为奇数，则累加。(2)循环变量本身就是奇数，从 1 变化到 99，累加循环变量即可。(3)循环变量 i 从 1 变化到 50，将循环变量乘 2 减 1 后累加，即累加 2i - 1。这里给出三个算法例子，若有其他算法也可以使用。同学可以思考哪个算法效率较高。

7. 编写程序计算 sum = 1! + 2! + 3! + 4! + … + n!。要求从键盘输入整数 n，sum 用实数表示。提示：参见教材例 4 - 16。

8. 求 π/ 2 的近似值的公式为：

$$\frac{\pi}{2}=\frac{2}{1}\times\frac{2}{3}\times\frac{4}{3}\times\frac{4}{5}\times\cdots\times\frac{2n}{2n-1}\times\frac{2n}{2n+1}\times\cdots$$

编写程序，求当 n = 1,000 以及 10,000 时 π 的近似值，n 由键盘输入，注意观察通项的构成。注意，本程序循环次数是固定的。

9. 另一个求 π 的近似值的公式为：

$$\pi=4*\left(1-\frac{1}{3}+\frac{1}{5}-\frac{1}{7}+\cdots+(-1)^{n+1}\frac{1}{2n-1}+\cdots\right)$$

请编写程序求 π 的近似值，要求其值小于 10^{-6}的通项忽略不计。注意，本程序循环次数不固定,而是依赖通项的大小。

10. Fibonacci 数列为 1, 1, 2, 3, 5, 8, 13, …。编程实现求分数序列前 20 项的和:

$$sum = \frac{1}{1} + \frac{2}{1} + \frac{3}{2} + \frac{5}{3} + \frac{8}{5} + \frac{13}{8} + \frac{21}{13} + \cdots$$

提示:注意分子分母的变化规律。程序正确的运行结果应是:result = 32.042227。

11. 逆序数是正向和反向读写数字顺序是一样的数,例如 12321 和 1221 均是逆序数。编写程序输出所有四位数中的逆序数,同时统计逆序数的个数。满足条件的逆序数个数是 90 个,要求每行输出 6 个逆序数,最后输出逆序数的个数。

算法提示:对所有的四位数循环,在循环体中分解当前的四位数的每位数到四个变量中,然后判断第 1 位和第 4 位、第 2 位和第 3 位是否相等,若相等,输出该四位数,同时统计个数。

12. 找出并输出 1 ~ 599 中能被 3 整除,且至少有一位数字为 5 的所有整数。例如 15、51、513 均是满足条件的整数。要求每行输出 8 个数,最后输出满足条件的数的个数(66 个)。

13. 输出一个 m 行 n 列的由 * 组成边框的长方形。例如若 m 为 4、n 为 6 时,则输出:

```
* * * * * *
*         *
*         *
* * * * * *
```

要求:m 和 n 从键盘输入,且 m≥2 、n≥2,并要求下述两种算法都要实现。

算法 1:第 1 行和第 m 行输出 n 个 * 。其他行先输出一个 * ,再输出 n - 2 个空格,最后输出一个 * 。每行结尾输出一个换行符。

算法 2:将上述图形看成由 * 和空格构成的长方形点阵。做一个双重循环,外循环 m 行,内循环 n 列,当行号为 1 或行号为 m 或列号为 1 或列号 n 时输出 * ,其他情况输出空格。每行结尾输出一个换行符。

14. 求出并输出所有的“水仙花数”。所谓“水仙花数”是指一个三位数,其各位数字的立方和等于该数本身。例如:153 是一个水仙花数,因为 $153 = 1^3 + 5^3 + 3^3$。满足条件的水仙花数有四个,它们是 153,370,371 和 407。要求两种算法都要实现。

算法提示如下,两个算法均为穷举法。

算法 1:做一个单循环,循环变量 num 的取值范围从 100 到 999;在循环体内,将 num 的各位数字分解到变量 a、b、c 中,即 a 代表百位、b 代表十位、c 代表个位,然后判断是否满足“水仙花数”的条件,若满足,则输出 num 的值。

算法 2:做一个三重循环,外层循环变量 a 表示百位数,合法的取值范围 1 至 9;中间层循环变量 b 表示十位数,取值范围 0 至 9;内层循环变量 c 表示个位数,取值范围 0 至 9;在循环体中将 a、b、c 三个位数组合成一个三位数 i,判断 i 是否满足“水仙花数”的条件,若满足,则输出 i 的值。

15. 验证哥德巴赫猜想:一个大偶数可以分解为两个素数 x 和 y 之和。试编写程序并上机调试,将 90 到 100 之间的全部偶数分解成两个素数之和。提示:1 不是素数,2 是素数。

算法提示:将教材例4-18中关于判断一个量是否为素数的算法应用在本程序中判断x和y是否为素数。

程序结构提示:

```
for(n=90; n<=100; n+=2)      //外层循环找出90到100中间的全部偶数n
   for(x=3; x<n/2; x+=2)
                  //内层循环找出两个奇数x、y的全部组合且满足n=x+y
   {
       如果x是素数,则:
       {
           y=n-x;
           如果y是素数,则n可分解成两个素数之和,输出n=x+y.
       }
   }
```

注意,内循环变量x从3开始而不是从2开始,原因为n是大偶数,若x为2,则y=n-2仍然是大偶数,y肯定不是素数。

实验五 函 数

一、目的要求

1. 掌握函数的定义和调用方法。
2. 掌握函数实参与形参的对应关系,以及“值传递”的方法。
3. 掌握函数的嵌套调用和递归调用的方法。
4. 掌握全局变量和局部变量、动态变量的使用方法。
5. 了解程序的多文件组织。

二、实验内容

1. 编写程序实现求出并输出100~200之间的所有素数并统计该范围内素数的个数。

要求:

(1) 编写一个函数int isprime(int x)实现“判断一个数x是否为素数”,若是返回“真”,否则返回“假”。

(2) 其他所有工作均在主函数中完成。要求每行输出8个素数,用'\t'实现输出列对齐。最后输出素数个数。

2. 编写程序计算sum=1!+2!+3!+4!+…+n!。

要求:编写函数int fact(int)计算并返回参数的阶乘。在主函数中完成从键盘输入整数n,然后计算并输出结果。

3. 编写程序计算组合数:C(m, r)=m!/(r!×(m-r)!),其中m、r为正整数,且m>r。

要求:

（1）编写一个计算阶乘的函数 int fact(int n)，函数返回参数 n 的阶乘。提示：可以直接拷贝上一题的 fact 函数。

（2）编写一个计算组合数的函数 int com(int m, int r)，函数返回 m、r 的组合数。该函数调用 fact()函数分别求 m 的阶乘、r 的阶乘以及(m - r)的阶乘，完成组合数的计算。

（3）在主函数中三次调用 com()函数计算并输出组合数 C(4, 2)、C(6, 4)、C(8, 7)，正确结果分别是 6、15 和 8。

4．编写一个函数 int gcd(int x, int y)求两个正整数的最大公约数。在主函数中任意输入两个正整数 m 和 n，调用 gcd()函数获取最大公约数并在主函数中输出。用于验证的 m 和 n 的值可以是 24 和 16，或 21 和 35。

求最大公约数的算法有三种（1）数学定义；（2）辗转相除法；（3）大数减小数直到相等；请编写三个版本的 gcd()函数。

5．当 x > 1 时，Hermite 多项式定义如下，它用于求第 n 项的值。

$$H_n(x)=\begin{cases}1 & n=0\\ 2x & n=1\\ 2xH_{n-1}(x)-2(n-1)H_{n-2}(x) & n\geqslant 2\end{cases}$$

要求编写一个递归函数求 Hermite 多项式的第 n 项的值，n 和 x 作为递归函数的两个参数。

编写程序，在主函数中输入实数 x 和整数 n，求出并输出 Hermite 多项式的前 n 项的值，注意共有 n 个值。请区分这个 n 和公式中的 n。

算法提示：在主函数中输入 x 和 n 的值，循环 n 次，循环变量 i 从 0 变化到 n - 1，每次求出第 i 项的值。当 n 和 x 的值分别是 5 和 2.8 时，输出如下（小数点后保留 2 位）：

```
H(0, 2.8)=1.00
H(1, 2.8)=5.60
H(2, 2.8)=29.36
H(3, 2.8)=142.02
H(4, 2.8)=619.13
H(5, 2.8)=2331.00
```

6．编写函数 void printTriangle(int n)用于输出如右图所示的图形。要求在主函数中输入任意值 n 作为行数，调用函数 printTriangle()完成输出。右图为当 n = 6 时的输出结果。

```
* * * * * *
  * * * * *
    * * * *
      * * *
        * *
          *
```

算法提示如下，要求两个算法都要实现。

算法 1：i 表示行数，其值为 1 ~ n。对于第 i 行，首先输出 i - 1 个空格，然后输出 n - i + 1 个 *，最后输出换行。

算法 2：将上述图形看成由 * 和空格构成的 n × n 点阵。做一个双重循环，外循环变量 i 控制循环 n 行，内循环变量 j 控制循环 n 列，当 i > j 时输出空格，其余情况输出 *，每行结尾输出换行。

7．编写一函数 void pr_rev(int x)，用递归方法将一个整数 x 逆向输出。例如，若输入 6832，则输出 2386。要求在主函数中输入一个任意位数的整数，并将该整数传递给递归函数。算法提示:在 pr_rev ()中,判断若 x 是 1 位数(其范围是 0 ~ 9),则输出该数后返回;否则,首先输出 x 的个位数,然后递归调用函数 pr_rev ()逆向输出 x 的前 n - 1 位。假定初始时 x 是 n 位数。

8. 了解程序的多文件组织,参见教材例题 5 - 22。将本实验第 2 题改写为如下两个源程序文件。

my1. c

```
include <stdio.h>
int fact(int); // 函数原型声明
main ()
{   int n, sum=0, i;
    printf("请输入 n:");
    scanf("%d", &n);
    for (i=1; i<=n; i++)
        sum += fact(i);
    printf("sum=%d\n", sum);
}
```

my2. c

```
int fact(int n)// 求 n 的阶乘
{   int result =1, i;
    for (i=1; i<=n; i++)
        result *=i;
    return(result);
}
```

大致步骤为:首先建立一个项目 mypro,然后在该项目中分别新建两个源程序文件 my1. c 和 my2. c,最后对项目 mypro 进行编译、连接(产生可执行程序 mypro. exe)、执行。

在英文版 Visual C++ 6.0 环境中,对上述项目进行管理的具体步骤如下,项目建立在 D 盘 mypro 文件夹中。

(1) 新建项目 mypro

① File|New|Project 标签

② 选 Win32 Console Application

③ Location: d:\

④ Project name: 输入 mypro

⑤ Location: 自动变为 d:\mypro

⑥ OK|An empty project|finish|OK

(2) 新建文件 my1. c

① File|New|File 标签

② 选C++ Source File,File name: my1. c

③ 勾选:Add to project,即加入项目 mypro

(3) 新建文件 my2. c

① File|New|File 标签

② 选C++ Source File, File name: my2. c

③ 勾选:Add to project,即加入项目 mypro

(4) 对项目 mypro,编译、连接(生成 mypro. exe)、执行

(5) 关闭项目工作区,执行 File|Close Workspace 菜单命令

实验六　编译预处理

一、目的要求

1. 掌握宏定义的方法。
2. 掌握文件包含处理方法。
3. 了解条件编译方法。

二、实验内容

1. 文件包含。用文件包含的方法开发一个程序。在头文件 ex0601. h 中,编写一个函数 int pow(int x, int y)用于求 x 的 y 次方,即求 x^y。算法:y 个 x 连乘即求得 x^y。提示:VC 中如何建立头文件? 在菜单命令 File|New 的 Files 标签中选择新建文件的类型为C/ C++ Header Files。

在源程序文件 ex0601. c 中包含该头文件,编写主函数,输入 x 和 y 的值,调用函数 pow (),求出并输出 x 的 y 次方。

注意比较本题实现方法和实验五中第 8 题的实现方法,同样是多文件组织,本题一个头文件(. h)和一个. c 文件,实验五第 8 题中是两个. c 文件。

2. 宏定义及宏的嵌套调用。定义一个带参数的宏 SQUARE(x),求参数 x 的平方。定义另一个带参数的宏 DISTANCE(x1, y1, x2, y2),求两点之间的距离。在宏 DISTANCE 中嵌套调用宏 SQUARE。

要求:在主函数中输入两个点(x1,y1),(x2,y2)的坐标 x1、y1、x2 和 y2,调用宏 DISTANCE 计算两点之间的距离并输出。计算公式:$dist = \sqrt{(x1-x2)^2+(y1-y2)^2}$。

3. 用函数实现与上一题同样的功能。函数 double square(int)用于求出并返回参数的平方。函数 double distance(int, int, int, int); 参数为两个点的坐标值,求出并返回两点之间的距离。请比较本题函数实现与上一题宏定义实现的区别。

4. 宏定义及宏的嵌套调用。先定义一个宏 MIN2(x, y),其功能是求 x、y 的较小者;再定义一个宏 MIN4(w, x, y, z), 其功能是求四个数的最小者。

要求:

(1) 在 MIN4 ()宏体中嵌套调用 MIN2 ()。

(2) 主函数中输入四个整数,调用宏 MIN4 ()求出最小者后输出。

*5. 用条件编译方法实现:输入一行电报文字,可以任选两种输出,一为原文输出;一为将字母译为密码输出,即将字母变成其下一字母输出,如 a 变 b,b 变 c……z 变 a,大小写字母做相同的处理,其他字符不变。用#define 命令来控制是否要译成密码。例如,若

```
#define  CHANGE  1
```

则输出密码。若

```
#define  CHANGE  0
```

则按原文输出。

实验七　数　组

一、目的要求

1. 掌握一维数组和二维数组的定义、赋值及输入输出的方法。

2. 掌握数组做函数参数的使用。

3. 掌握字符数组和字符串函数的使用。

4. 掌握与数组有关的算法(特别是排序算法)。

二、实验内容

1. 输入并运行教材例7-3。将Fibonacci数列的前20项存于数组,并求它们的和。

2. 定义整型数组a[10000],调用求随机数的函数产生n(n≤10000)个范围在[1,10]中的随机数存入数组。然后分别统计其中1~5和6~10出现的次数及概率。

提示:

(1) 随机数的产生方法参见教材例5-15。

(2) 实际仅使用数组的前n个元素。

(3) 多次运行该程序,每次输入n的值,观察当n等于100、1,000、10,000时统计出来的次数及概率。当n越大时,统计出来的两个概率越接近百分制五十。请按形如49.55%的格式输出概率。

3. 编写程序,首先输入n的值,然后输入n个数存入一维实型数组a,求均方差(也叫标准差Standard Deviation)。

$$D = \sqrt{\frac{1}{n}\sum_{i=0}^{i=n-1}(a_i - M)^2}\text{，其中}M = \left(\sum_{i=0}^{i=n-1}a_i\right)\Big/ n$$

要求:编写四个函数:① input()输入数组值 ② aver()求数组平均值 ③ stddev()求均方差 ④ 主函数。注意:前三个函数均有两个参数,分别是一维数组名和数组元素个数。要求在主函数中定义数组,先输入n的值,然后调用① 函数输入数组全体元素值,再调用③ 函数求均方差,输出均方差。注意在③ 函数中调用② 函数求数组平均值。

提示:因为n是变化的,可将数组中元素个数定义多一点,如100个,实际只使用数组前n个元素,n≤100。

测试数据:当n为5,并且数据序列为1、2、3、4、5时,均方差为1.414214。

4. 输入并运行教材例7-7,冒泡法排序,要求掌握此算法。

5. 输入并运行教材例7-8,选择法排序,要求掌握此算法。

6. 编写函数int gcd(int x, int y)用辗转相除法求x和y的最大公约数,参见教材例5-8。

在主函数中定义并初始化数组如下:

```
int a[8] = {24, 1007, 956, 705, 574, 371, 416, 35};
int b[8] = {60, 631,772, 201, 262, 763, 1000, 77};
```

int c[8];

求出全部对应的a[i]和b[i]的最大公约数,存入c[i]。例如a[0]和b[0]的最大公约数存入c[0],a[1]和b[1]的最大公约存入c[1]。最终输出数组c的全体元素值,正确结果应为12　1　4　3　2　7　8　7。

7. 编写函数void output(int a[], int n)输出数组a中的n个元素。编写函数int deleteElement(int a[], int n, int x)将具有n个元素的一维数组a中出现的x删除(注意:重复出现的x均需删除),函数的返回值为删除x后的数组a中的实际元素个数。例如初始a数组中有6个元素,它们是{9,5,6,7,8,5},删除元素5后,数组变为{9,6,7,8},结果数组中有4个元素,函数返回4。

注意:被调函数deleteElement()要做两件工作,一是要删除元素,二是返回剩余元素个数。编写主函数测试该功能,要求数组元素的初值采用初始化的方式给出,然后调用函数output()输出数组的初始值,再输入待删除元素,调用函数deleteElement()删除元素,最后调用函数output()输出结果数组的全体元素值。

8. 磁力数:6174和495。社会现象和自然现象都有磁力存在,在数字运算中也存在着一种磁力。请随便写出一个四位数,数字不要完全相同,然后按照从大到小的顺序重新排列,并把它颠倒一下,求出这两个数的差(大数减小数)。这样反复做下去,最后得数一定是6174。对于6174再按上面的步骤做一次,结果还是6174。仿佛6174这个数具有强大的磁力,能吸引一切数,而它是所有的数字核心一样。现举两个实例。

例1,初始四位数为1645,验证过程如下:

```
6541 - 1456 =5085
8550 -  558 =7992
9972 - 2799 =7173
7731 - 1377 =6354
6543 - 3456 =3087
8730 -  378 =8352
8532 - 2358 =6174
7641 - 1467 =6174        //注意最后2行
```

例2,初始四位数为1211,验证过程如下:

```
2111 - 1112 =  999       //注意此行
9990 -  999 =8991
9981 - 1899 =8082
8820 -  288 =8532
8532 - 2358 =6174
7641 - 1467 =6174        //注意最后2行
```

这不是掉进6174里了吗?注意第2个例子的第一个计算表达式,两个4位数相减得到3位数999,但验证过程必须将结果看成4位数0999(因为初始值是4位数),进行下一轮计算。

四位数有这种现象,三位数也有,那个数就是495。试编写程序验证上述现象。

验证过程比较复杂,可采用模块化程序设计方法,需要编写一系列模块(即函数),每个模块实现一个独立的完整的需反复调用的功能。程序所需要编写的函数及算法提示如下:

(1) 编一函数求出整数 n 的十进制数位数,并作为函数返回值。

```
int getbits(int n);
```

(2) 编一函数将一整数 n 分解为 k 位数字,存入整型数组 a[ ] 中,

```
void split(int a[], int n, int k);
```

注意参数 k 的设置是为了保持验证过程数值位数的一致性,即若初始输入的数为四位数,则在验证过程中必须要保证一直处理的都是四位数。例如上述第 2 个例子第 1 行计算结果 999 为 3 位数,即 n 为 999,由于初始数据 1211 为 4 位数,即 k = 4,因此必须将 n(999)分解为 k 位数(0、9、9、9)。

(3) 编一函数将一具有 k 个元素的整型数组 a[ ]的元素按降序排序。

```
void sortd(int a[], int k);
```

(4) 编一函数将一具有 k 个元素的整型数组 a[ ]的元素逆向存放。

```
void reverse(int a[], int k);
```

(5) 编一函数将一具有 k 个元素的整型数组 a[ ]的元素,按 a[0]为最高位,a[k - 1]为最低位,组合成一个整数,作为函数的返回值。

```
int combine(int a[], int k);
```

例如:若 k = 4, a[0] = 3, a[1] = 5, a[2] = 1, a[3] = 9 则返回整数 3519。

(6) 在主函数中,输入一个四位数(或三位数),通过调用上述函数,将验证过程输出。

主函数算法提示:

```
定义变量并赋初值 oldn = -1,oldn 表示前一个表达式的计算结果 n
任意输入一个四位或三位数 n,注意各位数字不能相同;
调用 getbits()函数得到 n 的位数 k;
当 n≠oldn 时,做如下循环:
{
    oldn = n;
    将 n 分解成 k 位存入数组 a[]中;
    将有 k 个元素的数组 a[]排成降序;
    将 a[]中元素合并成一个整数 n1;
    将数组 a[]逆置;
    将 a[]中元素合并成另一个整数 n2;
    n = n1 - n2;
    按格式输出 n1 - n2 = n;
}
```

9. 给定二维数组如下,请编写函数 int sumBorder(int a[ ][M])求二维数组周边元素之和。

$$a = \begin{vmatrix} 3 & 6 & 4 & 6 & 1 \\ 8 & 3 & 1 & 3 & 2 \\ 4 & 7 & 1 & 2 & 7 \\ 2 & 9 & 5 & 3 & 3 \end{vmatrix}$$

要求:在主函数中定义数组并赋初值。用数组名做函数参数,调用函数得到求和结果;然后以二维方式输出数组,最后输出求和结果。二维数组是 N 行 × M 列的,定义行数 N 和

列数 M 为符号常数。

算法 1:若元素在周边上,则行号为 0 或 N - 1,列号为 0 或 M - 1。做一个双重循环,对二维数组中的每个元素,判断若它在周边上,则将其累加到结果中。

算法 2:周边元素之和为全体元素之和减去内部元素之和。

10. 编写函数 void fsum(int a[N][N], int i, int j, int b[2]) 分别求二维数组元素 a[i][j]所在的行及所在列的全体元素之和,例如若 i = 1, j = 1,则 a[1][1]元素所在行的元素之和为 15(= 8 + 3 + 1 + 3),它所在列的元素之和为 25(= 6 + 3 + 7 + 9)。这两个求和结果分别存入 b[0]和 b[1]带回主函数。

$$a = \begin{vmatrix} 3 & 6 & 4 & 6 \\ 8 & 3 & 1 & 3 \\ 4 & 7 & 1 & 2 \\ 2 & 9 & 5 & 3 \end{vmatrix}$$

要求:在主函数中用上述矩阵值对二维数组初始化,然后输出二维数组,从键盘输入任意元素的下标 i 和 j,调用函数 fsum ()求和,输出求和结果。

11. 输入一行字符串,分别统计其中大写字母、小写字母、数字字符、空格以及其他字符出现的次数。例如,若字符串为 " A Student & 5 Teachers. ",则其中大写字母出现 3 次,小写字母出现 13 次,数字字符出现 1 次,空格出现 4 次,其他字符出现 2 次。

要求:用 gets ()输入字符串到字符数组中,然后统计并输出结果,所有的工作都在主函数中完成。

12. 编写函数 void interCross(char s1[], char s2[], char s3[]),将 s1 和 s2 中的字符串交叉复制到 s3 中,构成一个新的字符串。例如:若 s1 和 s2 中的字符串为"abcde"和"123",则结果 s3 中的字符串为"a1b2c3de"。

要求:在主函数中输入 s1 和 s2,调用函数 interCross ()进行交叉操作,在主函数中输出结果字符串 s3。不允许使用任何字符串库函数,只能通过判断当前字符是否为空字符来确定字符串是否到达结尾。

注意:应将字符数组 s3[]定义得足够长,使之有足够的空间存放结果字符串。

13. 编写函数 void my_strcpy(char s1[], char s2[]),将 s2 中的字符串拷贝到数组 s1 中去。要求:

(1) 不允许使用C++语言的标准库函数 strcpy ()。

(2) 在主函数中输入两个字符串 s1 和 s2,调用函数 my_strcpy ()将 s2 拷贝到 s1 中,最后输出字符串 s1 和 s2。

14. 编写函数 void reverse(char s[]),实现将字符串 s 逆向存放。例如若原 s 字符串为 " abcde",则结果 s 中为" edcba"。在主函数中输入字符串 s,调用 reverse ()函数得到逆向存放后的新字符串,输出新的 s。

算法提示:此逆置过程与整型数组的逆置算法是一样的,首先必须求出字符串中的有效字符个数,即 '\0' 之前的字符个数,可以通过 strlen(s)求出,亦可通过循环判断是否到达字符串结尾标志求出。

*15. 输入并运行教材例 7 - 10,筛选法求素数。

实验八　结构体、共用体和枚举类型

一、目的要求

1. 掌握结构体类型变量的定义和使用。
2. 掌握结构体类型数组的概念和应用。
3. 了解共用体和枚举类型的概念。

二、实验内容

1. 定义一个结构体类型 Point,包含数据成员 x 和 y,它们是平面坐标体系下的坐标点(x, y),编写如下函数:

(1) struct Point Input ();在函数中输入一个坐标点的值,并返回该值。

(2) void Output(struct Point p);按格式(x, y)输出坐标点 p 的值。

(3) double Distance(struct Point p1, struct Point p2);求出并返回坐标点 p1 和 p2 之间的距离。

在主函数中,定义两个坐标点变量 p1 和 p2,两次调用函数 Input ()输入两个坐标点的值,函数的返回值赋值给 p1 和 p2。两次调用函数 Output ()输出该两个坐标点的值,调用函数 Distance ()计算它们之间的距离然后输出。例如坐标点(0, 0)和(1, 1)之间的距离为 1.414214。

2. 图书信息列表如下,每本图书有书号、书名和价格三个属性。编写程序处理图书信息。

```
书号      书名          价格
-- -- -- -- -- -- -- -- -- -- -
0101      Computer      78.88
0102      Programming   50.60
0103      Math          48.55
0104      English       92.00
```

编程要求:

(1) 定义结构体类型 struct book,使之包含每本图书的属性,成员包括书号(bookID,字符串)、书名(name,字符串)和价格(price,double 型数值)。

(2) 编写函数 void input(struct book bs[], int n);输入 n 本图书的价格。

(3) 编写函数 double average(struct book bs[], int n);计算并返回 n 本图书的平均价格。

(4) 编写函数 int findMax(struct book bs[], int n),找出价格最高的图书下标并返回。

(5) 编写函数 void print(struct book bs[], int n);以上述表格形式输出 n 本图书信息。

(6) 编写函数 void sort(struct book bs[], int n);将 n 本图书按照价格排成升序。

(7) 在主函数中定义一个类型为 struct book 的具有 4 个元素的结构体数组 books[],用上述列表的前两列中的数据初始化该数组(即初始化数组的部分数据),价格待输入。

(8) 在主函数中依次调用 input()函数输入所有图书的价格,调用 print()函数输出所有图书的原始信息,调用 average()函数计算所有图书的平均价格然后在主函数中输出该平均价格,调用 findMax()求出价格最高的图书的下标,然后在主函数中输出该图书的书号、书名和价格,调用 sort()函数将图书按照价格升序排序,最后再次调用 print()函数输出排序后的所有图书信息。

3. 定义一个描述颜色的枚举类型 enum color,包含 3 种颜色,分别是红 RED、绿 GREEN 和蓝 BLUE。编程输出这 3 种颜色的全排列结果。参见教材例 8-6。

*4. 输入并运行以下程序,并分析运行结果。

```
#include <stdio.h>

main()
{
    int i;
    union LONGINTCHAR
    {
      long int x;
      char c[4];
    } e;

    printf("sizeof(e) = %d \n", sizeof(e));

    e.x = 0x12345678;

    for (i=0; i<4; i++)
        printf("%x \n", e.c[i]);
    printf("%x \n", e.x);
}
```

实验九 指 针

一、目的要求

1. 掌握指针的概念,会定义和使用指针变量。
2. 学会使用数组的指针。
3. 学会使用字符串的指针。
4. 了解指向函数的指针。

二、实验内容

注意:本实验的所有程序都要求通过指针访问变量或数组元素。

1. 任意输入三个整数,按从小到大的顺序输出这三个整数。

提示:使用教材例9-9的函数 void swap(int *, int *)实现两个变量值的交换。

算法:在主函数中

(1) 输入三个整数存入变量a、b、c中。

(2) 判断若 a>b,则调用 swap 函数交换 a 和 b 的值。

(3) 判断若 a>c,则调用 swap 函数交换 a 和 c 的值。

(4) 判断若 b>c,则调用 swap 函数交换 b 和 c 的值。

(5) 输出 a、b、c 三个变量的值。

2. 已知定义 int a[10], *p=a;。编写程序实现:输入10个整型量存入a数组,然后求出最小元素,最后输出数组10个元素以及最小元素值。

要求:所有对数组元素及数组元素地址的访问均通过指针 p 实现。全部工作都在主函数中完成。

3. 输入并运行教材例9-15。分别求数组前十个元素和后十个元素之和。

4. 编程实现:将一个具有 n 个元素的数组循环左移 k 位。循环左移一位的意义是:将数组全体元素左移一位,最左边元素移到最右边。例如,对初始数组
int a[ ] = { 2, 3, 4, 5, 6, 7, 8, 9 }; 循环左移3位后,数组a的元素变成
{ 5, 6, 7, 8, 9, 2, 3, 4 };

要求:

(1) 编写函数 void moveLeft(int *a, int n) 将一个具有 n 个元素的数组 a 循环左移1位。

(2) 编写函数 void rotateLeft(int *a, int n, int k),在该函数中调用 k 次 moveLeft()函数实现将数组循环左移 k 位。

(3) 主函数中定义并初始化数组 a,输出数组原始数据。任意输入 k,调用 rotateLeft()函数实现将数组循环左移 k 位,最后输出循环左移后的数组。

(4) 在上述函数中,均要求用指针访问数组元素。

5. 一维数组中有10个元素,编程统计该数组中的正数个数和负数个数。

要求:

(1) 编写函数 void statistic(int *a, int n, int *posinum_ptr, int *neganum_ptr);用于统计具有 n 个元素的 a 数组中正数和负数的个数,前两个参数是数组起始地址和元素个数,第三个和第四个参数分别是主函数中 posi_num 和 nega_num 两个变量的指针。本函数通过指针带回两个统计结果。提示:参数的使用,参见教材例9-16。

(2) 在主函数中定义数组 a,输入数组初值,定义两个统计量 posi_num 和 nega_num,分别用于统计正数个数和负数个数。调用 statistic()函数进行统计,并在主函数中输出统计结果。

(3) 上述函数中,均要求用指针访问数组元素。

6. 任意输入三个单词(单词为不含空格的字符串),按从小到大的顺序输出。

要求:

(1) 函数 void swap(char * , char *)完成两个字符串变量值的交换。两个字符串交换时,需要使用中间临时字符数组。

(2) 在主函数中定义三个字符数组 str1[ ]、str2[ ]、str3[ ],输入三个单词分别存入这三个字符数组。

(3) 3 个字符串的排序算法,参见本实验第 1 题。调用 swap 函数时,实参为字符串指针。

(4) 最终在主函数中,字符串 str1 中是三个单词中的最小者,str3 中是三个单词中最大者,str2 中是中间值。输出 str1、str2 和 str3 三个字符串。

提示:字符串的比较用 strcmp ( ) 函数,字符串的赋值用 strcpy ( ) 函数。

7. 编写函数 void getDigits(char * s1, char * s2) 将字符串 s1 中的数字字符取出,构成一个新的字符串存入 s2。例如若 s1 为" a34bb　12ck9 zy",则 s2 为 "34129"。要求在主函数中输入字符串 s1,调用函数 getDigits 得到 s2 后,在主函数中输出 s2。

8. 编写函数 void firstUpper(char * s) 将字符串 s 中英文单词的第一个字母变为大写字母。例如若 s 为 "there are five apples in the basket. ",则处理后 s 中的字符串变为" There Are Five Apples In The Basket. "。

要求在主函数中输入字符串 s(为了程序调试方便,亦可用初始化的方式给 s 赋初值),调用函数 firstUpper ( )得到新的 s 后,在主函数中输出它。在 firstUpper ( ) 函数中需要使用下述辅助函数。

编写辅助函数 int isLetter(char) 判断参数字符若为字母则返回"真",否则返回"假",它与系统库函数 isalpha ( )功能相同。

编写辅助函数 char toUpper(char)将参数字符变为大写字母返回(若参数是小写字母,则返回对应的大写字母;否则不变换,返回原参数字符),它与系统库函数 toupper ( )功能相同。isalpha ( )和 toupper ( )的函数原型在 ctype. h 头文件中。

9. 编写程序判断一个字符串是否为回文(palindromia)。回文为正向拼写与反向拼写都一样的字符串,如"MADAM"。若放宽要求,即忽略大小写字母的区别、忽略空格及标点符号等,则象"Madam, I'm Adam"之类的短语也可视为回文。

算法 1:

(1) 编写函数 void filter(char *)将参数字符串中的非字母去掉,同时将所有字母变为大写,例如字符串原始值为" Madam, I'm Adam",则结果字符串为" MADAMIMADAM",即"纯的"大写字母串。提示:判断一个字符是否为字母,可使用系统库函数 isalpha ( )。

(2) 编写函数 int palin(char *)判断若参数字符串是否为回文,若是返回"真",否则返回"假"。函数在判断参数是否为回文之前,将参数拷贝到一个临时字符数组中(目的是保护原始串不被改变),调用 filter ( ) 函数将临时字符数组中的串先处理成"纯的"大写字母串,然后判断该大写字母串是否为回文。方法为,定义两个指针变量 head 和 tail,分别指向字符串首部和尾部,如下图所示。当 head 小于 tail 时循环,若它们指向的字符相等,则首指针 head 向后移动一个字符位置,尾指针 tail 向前移动一个字符位置,直到两字符不等或全部字符判断完毕,在此过程中可根据情况得出结论。

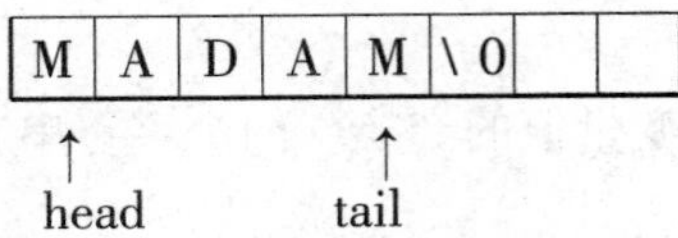

(3) 在主函数中输入字符串,调用 palin ()判断字符串是否为回文,若是,输出 yes,否则输出 no。

算法 2(亦可使用其他算法):

将算法 1 做修改,删除 filter ()函数,保留 main ()函数不变,将函数 palin ()的实现算法修改如下:

```
head 指向第一个字符,tail 指向最后一个字符。
当 head < tail 时循环
{
    内循环 1:当 head 指向的是非字母时 head 加 1 直到 head 指向字母。
    内循环 2:当 tail 指向的是非字母时 tail 减 1 直到 tail 指向字母。
    此时如果 head 指向的字母和 tail 指向的字母相等(忽略大小写,即认为 A 和 a
相等,两个字母都转换为大写字母然后比较,或都转换为小写字母后比较),则 head 加 1、
tail 减 1;否则下结论:非回文(返回假)
}
```

外循环结束,head >= tail,结论:是回文,返回"真"。

请思考:上述算法针对字符串中至少包含了一个字母的情况,若字符串中无字母(此时可认为是空串)也可认为是回文,在循环边界条件上需要特殊考虑。

*10. 已知矩阵 $a=\begin{vmatrix} 1 & 3 & 5 \\ 7 & 9 & 11 \\ 13 & 15 & 17 \end{vmatrix}$,求其转置。

要求:

(1) 将**二维数组名**(即二维数组的**行指针**)作为函数参数,在被调用函数中做转置工作,要求用指针方式访问数组元素,并要求在数组 a 自身上做转置,即不能定义其他辅助数组。

(2) 在主函数中用上述数据初始化原始矩阵,调用转置函数后,输出转置后的矩阵。

*11. 输入并运行以下程序,体会主函数参数的意义。源程序名为 ex0911.c。

```
#include <stdio.h>

main(int argc, char *argv[])
{
    int i;

    printf("%d\n", argc);
    for (i=0; i<argc; i++)
        printf("%s\n", argv[i]);
}
```

提示：可以用下述两种方法之一运行该程序

（1）在 VC++6.0 集成环境中，通过菜单命令 Project|Settings|标签 Debug|设置 program arguments 中给出命令行参数，执行并观察结果。

（2）在操作系统中，执行"开始"—"所有程序"—"附件"—"命令提示符"进入命令行状态，然后执行 ex0911.c 源程序所在文件夹中 Debug 文件夹中的 ex0911.exe 可执行程序。例如，所执行的命令行为 ex0911 par1 par2 /w /a<回车>。

*实验十 链表及其算法

一、目的要求

掌握链表的概念,初步学会对链表进行操作。

二、实验内容

1. 用链表实现一个简单的堆栈。所谓堆栈是一种数据结构,类似于一个桶,物品可以按顺序一个一个放进去,再按顺序一个一个取出来。先放进去的物品,后取出来;后放进去的物品,先取出来。本题中把整型量看成物品,把链表看成水桶即堆栈,链表的尾结点是桶底,首结点是桶口,链表的首指针指向首结点,即指向桶口。

结点结构如下:

```
struct Node
{
    int data;
    struct Node *next;
};
```

编写函数:

(1) struct Node * push(struct Node * head, int d);参数 head 是链表首指针。函数完成入栈操作,即以参数 d 作为 data 值构建一个新结点插入到链表的首部,返回新链表首指针。

(2) struct Node * pop(struct Node * head, int * pd); 完成出栈操作。将链表首结点的 data 值通过参数指针 pd 带回到主调函数,同时删除首结点,返回新链表首指针。

(3) int getFirst(struct Node * head); 完成获取栈顶元素操作,即将链表首结点 data 值返回。

(4) void display(struct Node * head);显示堆栈中全体元素,即输出链表中全体结点的值。

(5) void freeStack(struct Node * head); 撤销堆栈,即释放链表全体结点的空间。

在主函数中,自行设计过程,分别调用上述 5 个函数,完成堆栈的入栈、出栈等测试工作。

提示:初始堆栈为空栈,即链表为空链表,首指针的值为 NULL。

2. 用链表实现一个简单的英文字典。

链表中每个结点包含所存储的单词。请根据下面的图示以及函数描述自行设计链表结点结构以及下述各函数的参数和返回值类型。

(1) 编写一无参函数 init(),建立一个初始字典链表。注意,为简单起见,可直接申请三个结点空间并建立该链表,返回该链表的首指针。所建初始链表如图 1-11 所示。

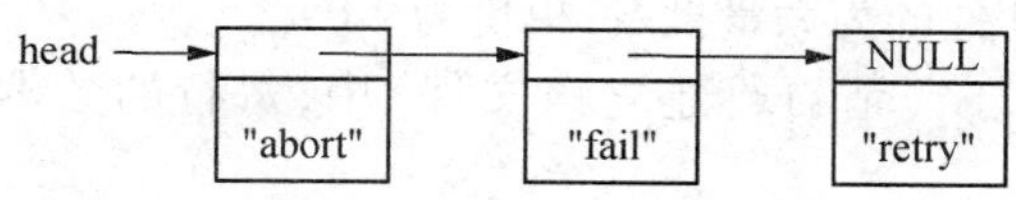

图 1-11　初始链表

(2) 编写通用函数 insert ();参数是链表首指针和待插入字符串的指针,向上述链表中插入一个任意单词,例如:“ignore”,结果该链表仍然保持字典序。函数返回新链表首指针。

(3) 编写一函数 list ();参数是链表首指针,输出上述字典中的全部单词。

(4) 写一函数 freeDict ();参数是链表首指针,释放链表空间。

(5) 请自行请设计算法流程,在主函数中分别调用上述四个函数,完成测试工作。

实验十一　数据文件的使用

一、目的要求

1. 掌握文件以及缓冲文件系统、文件指针的概念。
2. 学会使用文件打开、关闭、读、写等文件操作函数,如:fopen ()、fscanf ()、fprintf ()、fclose ()等。
3. 学会使用缓冲文件系统对文件进行简单的操作。

二、实验内容

1. 编写程序将 1 ~ 100 这 100 个数的平方、平方根输出到一个数据文件 table. txt 中。结果数据文件中的数据格式为:

```
Number          Square        Square root
-------------------------------------------
     1               1              1.000
     2               4              1.414
     3               9              1.732
……省略若干行
    99            9801              9.950
   100           10000             10.000
```

要求:可自行设计表头和各列宽度,输出的平方根小数点后保留 3 位数。

2. 一个销售程序的计价原则是:

- 购买少于 10 件的为零售,单价为 25 元。
- 购买大于等于 10 件而少于 50 件的为小量批发,单价为 24 元。
- 购买大于等于 50 件而少于 100 件的为一般批发,单价为 22 元。

• 购买大于等于100件的为大量批发,单价为20元。

在销售量文件nums.txt(请自行建立该文件)中,每行的数据表示每笔销售数量,格式为:

```
10
120
85
90
2
100
```

编写程序打开文件nums.txt,按顺序读入每笔销售量,计算每笔销售量的销售金额,统计销售总量和销售总金额,写入结果文件sales.txt中,结果文件为:

```
    num              sales
-- -- -- -- -- -- -- --
     10                240
    120               2400
     85               1870
     90               1980
      2                 50
    100               2000
-- -- -- -- -- -- -- --
total num = 407
total sales = 8540
```

该文件的格式为:中间若干行为每笔销售量(第1列)和销售金额(第2列),最后两行为销售总量和销售总金额。

要求:计算每一笔销售金额的过程在函数int compute(int num)中完成,参数是销售数量,返回值是销售金额。

提示:在读入销售量文件nums.txt时,如何判断数据已读完。两种方法(1)使用fscanf()函数读入数据,该函数的返回值为正确读入数据的个数,若到达文件尾,无数据可读时,该函数返回EOF。(2)使用feof()函数判断是否到达文件尾。

3. 在VC++6.0中编辑生成一个包含若干个实数的文本文件input.txt,假定其中最多包含100个数。编写一个程序,从该文本文件中依次读取每一个数据,存入一个实型一维数组a,将数组a中的数据排列成升序,将排序结果写到数据文件output.txt中,每个实型数保留2位小数点。要求排序工作在被调函数sort()中完成。

4. 已知两个文本文件,它们中存放的数据已按升序排列好,编写程序将该两个文件中的数据合并到第三个文件中,使数据仍然保持升序。注意:**不允许使用排序算法**。

假定两个已知数据文件:

w1.txt的内容为1　2　8　10

w2. txt 的内容为 2　3　8　9　12　15

合并后的文件取名为 w3. txt，其内容应为 1　2　2　3　8　8　9　10　12　15。

算法提示：可以先将两个已知数据文件中的数据读入，分别存入 2 个数组，然后用两个下标依次扫描 2 个数组，比较数组 2 个当前下标对应的元素，较小者写入文件，然后其下标加 1，另一个下标不动，若一个数组中已没有数据，则将另一数组中余下的数据依次写入结果文件。

5. 编写一个程序实现文件的复制，通过键盘输入源文件名和目标文件名。参见教材例 11－2。

6. 编写一个程序实现文本文件的显示，通过键盘输入待显示的文件名。参见教材例 11－2后的说明。

第二部分

各章知识点、例题及解析、练习题及答案

第1章　C语言概述

一、本章知识点

1. 计算机程序、计算机语言的概念
2. 基本C语言程序的结构
3. 用C语言开发程序的过程

二、例题、答案和解析

知识点1:计算机程序、计算机语言的概念

【题目】以下错误的说法是________。

A) 程序是指令的有序集合

B) C语言程序可移植性好,可以很容易地改写后运行在不同的计算机上

C) C语言属于结构化程序设计语言,C++属于面向对象程序设计语言

D) 计算机程序设计语言经历了机器语言、中级语言和高级语言三个阶段

【答案】D

【解析】计算机程序设计语言经历了机器语言、汇编语言和高级语言三个阶段,所以选项D错误。

知识点2:基本C语言程序的结构

【题目】以下错误的说法是________。

A) C语言程序的书写格式很自由,一行可以写多个语句,但一个语句不能写在多行

B) 一个C语言程序有且只有一个main函数,是程序运行的起点

C) 一个C源程序可由一个或多个函数组成

D) C语言中注释可以放在任何位置,但不能夹在变量名或关键字中间

【答案】A

【解析】C语言程序的书写格式很自由,可以一行写多个语句,也可以将一个语句写在多行,所以选项A错误。

知识点3:用C语言开发程序的过程

【题目】以下错误的说法是________。

A) 用计算机语言编写的程序称为源程序,又称为编译单位

B) 编译是将高级语言书写的源程序“翻译”成等价的机器语言目标程序的过程

C) 简单程序设计的步骤和顺序为:先编码和上机调试,在编码过程中确定算法和数据结构,最后整理文档

D) 每个C语言程序写完后,都是先编译,后链接,最后运行

【答案】C

【解析】设计一个能解决实际问题的计算机程序需要经过以下几个过程:① 建立模型。② 算法设计:给出解决问题的步骤,即算法。③ 算法表达:选择一种表达算法的工具,对算法进行清晰的表达。④ 编写程序:选择一种程序设计语言,把以上算法程序化,这称为编写程序。⑤ 程序调试:对编写好的程序进行调试,修改程序中的错误。⑥ 程序文档编写与程序维护。选项C不符合上述描述,错误。

三、练习题

1. 以下错误的说法是________。

A) 一个C语言程序只能实现一种算法

B) 一个C函数可以单独作为一个C语言程序文件存在

C) C语言程序可以由一个或多个函数组成

D) C语言程序可以由多个程序文件组成

2. 一个C语言程序的执行是从________。

A) 当前程序的main函数开始,到main函数结束

B) 当前程序文件的第一个函数开始,到程序文件的最后一个函数结束

C) 当前程序的main函数开始,到程序文件的最后一个函数结束

D) 当前程序文件的第一个函数开始,到程序的main函数结束

3. 一个C语言程序是由________。

A) 一个主程序和若干子程序组成　　B) 函数组成

C) 若干过程组成　　D) 若干子程序组成

4. 以下正确的说法是________。

A) C语言的源程序可以通过解释器解释执行

B) C语言中的每条可执行语句最终都将被转换成二进制的机器指令

C) C源程序经编译形成的二进制代码可以直接运行

D) C语言中的函数不可以单独进行编译

5. 要把高级语言编写的源程序转换为目标程序,需要使用________。

A) 编辑程序　　B) 驱动程序　　C) 诊断程序　　D) 编译程序

6. 以下错误的说法是________。

A) C语言中的每条可执行语句和非执行语句最终都将被转换成二进制的机器指令

B) C语言源程序经编译后生成后缀为.obj的目标程序

C) 用C语言编写的程序称为源程序,它以ASCII码形式存在一个后缀为.C的文本文件中

D) C语言程序经过编译、连接步骤之后才能形成一个真正可执行的二进制机器指令文件

第2章　数据类型、运算符和表达式

一、本章知识点

1. 标识符及标识符的命名规范
2. C语言的基本数据类型
3. C语言中数据类型的存储空间和取值范围
4. 常量和变量
5. C语言中运算符和表达式的概念
6. 算术运算符和算术表达式
7. 关系运算符和关系表达式
8. 逻辑运算符和逻辑表达式
9. 位运算符和位运算表达式
10. 自增、自减运算符和表达式
11. 赋值运算符和赋值表达式
12. 逗号运算符和逗号表达式
13. sizeof()运算符和表达式
14. 运算符的优先级和结合性
15. 数制转换

二、例题、答案和解析

知识点1:标识符及标识符的命名规范

【题目】关于C语言的标识符,以下错误的说法是________。

A) C语言中的标识符只能由字母、数字和下划线组成

B) C语言标识符的第一个字符必须为字母或下划线

C) 标识符分为关键字、预定义标识符和用户标识符,关键字和预定义标识符都不能用作用户标识符,如变量名

D) C语言中的标识符区分大小写

【答案】C

【解析】C语言中的关键字不能作为用户标识符,但预定义标识符可以用作用户标识符,例如:define,所以选项C错误。

知识点2: C语言的基本数据类型

【题目】关于C语言的数据类型,以下错误的说法是________。

A) 若要准确、无误差地表示自然数,应使用整数类型

B) 若要保存带有多位小数的数据,应使用双精度类型

C）修饰词 signed、unsigned、long、short 等只能用于整型和字符型数据类型

D）若只处理“真”和“假”两种逻辑值，应使用逻辑类型

【答案】D

【解析】C 语言中没有逻辑类型，若只处理“真”和“假”两种逻辑值，可以使用整型量 1 和 0 分别表示“真”和“假”，所以选项 D 错误。

知识点 3：C 语言中数据类型的存储空间和取值范围

【题目】关于 C 语言的数据类型，以下错误的说法是________。

A）在 C 语言中，没有逻辑类型

B）在 C 语言中，int 型数据在内存中的存储形式是反码

C）在 C 语言中，int、char 和 short 三种类型数据在内存中所占字节数是由 C 语言的编译系统决定的

D）在内存中，float 和 double 型数据以浮点形式存放，往往存在误差

【答案】B

【解析】在 C 语言中，int 型数据在内存中是以补码形式存储的，使用补码可以将符号位和其他数据位统一处理，同时减法也可以按加法来处理，简化了运算规则，所以选项 B 错误。

知识点 4：常量和变量

【题目】关于 C 语言的常量和变量，以下错误的说法是________。

A）C 语言中有 4 种基本常量：整型、实型、字符型和字符串常量

B）const 变量在定义时必须初始化，且之后其值不能再改变

C）一个变量有三要素，即变量名、变量的值和变量的运算

D）在 C 语言中，变量必须先定义后使用

【答案】C

【解析】在 C 语言中，一个变量有三要素，即变量名、变量的存储空间和变量的值，所以选项 C 错误

知识点 5：C 语言中运算符和表达式的概念

【题目】关于 C 语言的运算符和表达式，以下错误的说法是________。

A）在 C 语言算术表达式的书写中，运算符两侧的操作数类型必须一致

B）条件运算符是 C 语言中唯一的三元运算符

C）相同数据类型的元素进行算术运算（+、-、*、/）得到结果还保持原操作数的数据类型

D）C 语言中的表达式一定有值

【答案】A

【解析】在 C 语言中，允许不同类型量的混合运算，在计算时计算机内部会将它们转换成相同类型的量，所以选项 A 错误。

知识点 6：算术运算符和算术表达式

【题目 1】关于 C 语言中的算术运算符，以下错误的说法是________。

A）若要实现整除，则“/”号两边的操作数都要求是整型

B）若要除法的计算结果是小数，则要求“/”号的两边的操作数都是实型

C）取余运算“%”要求运算符两边的操作数都是整数

D）C语言中算术运算符“*”、“/”和“%”运算的优先级相同

【答案】B

【解析】在C语言中，“/”号如果有一边是实数，那么结果就是实数，所以选项B错误。

【题目2】以下程序的运行结果是________。

```
#include <stdio.h>
main()
{  int a, b;
   char c = 'A';
   a = (int)((double)3 /2 +0.5 + (int)1.99 *4);
   b =1 +c%a;
   printf("%d,%d",a,b);
}
```

【答案】6,6

【解析】在C语言中，算术运算符“/”两边的操作数都是整型，则实现整除，任有一侧为实数，则实现实数相除；取余运算“%”两侧的操作数只能是整型，若为char型，则会按其ASCII码值自动转换成整型，再参与计算；

知识点7：关系运算符和关系表达式

【题目】运行下列程序，输入：200 < 回车 >，以下程序的运行结果是________。

```
#include <stdio.h>
main()
{  int income;
   scanf("%d", &income);
   if (income >=20000)
     printf("Rich");
   else if(10000 <= income <20000)
     printf("Middle");
   else printf("Pool");;
}
```

【答案】Middle

【解析】在C语言中，表达式“1000 <= income < 2000”的含义与数学表达式不同，它表示先计算“1000 <= income”，再看其结果是否小于20000。当income = 200时，“1000 <= income”的值为“0”，“0 < 20000”的结果为“真”，整个表达式值为真，所以输出“Middle”。

知识点8：逻辑运算符和逻辑表达式

【题目】关于C语言的逻辑运算符和逻辑表达式，以下错误的说法是________。

A）逻辑运算符“!”的运算优先级高于其它逻辑运算符和所有的算术、关系运算符

B）在C语言中，关系表达式和逻辑表达式的值只能是0或1（分别表示“假”、“真”）

C）在C语言中，关系运算符和逻辑运算符两边操作数的数据类型只能是0或1

D）在C语言中,关系运算符和逻辑运算符两边操作数可以是任何类型的数据

【答案】C

【解析】C语言中,关系运算符和逻辑运算符两边操作数可以是任何类型的数据,并按非0即为真的规则参与计算,所以选项C错误。

***知识点9:位运算符和位运算表达式**

【题目】以下程序的运行结果是________。

```
#include <stdio.h>
main()
{  short int a=4, b=-4; ;
   printf("%d,%d,%d,%d", a<<1,a>>1, b<<1, b>>1);
}
```

【答案】8,2, -8, -2

【解析】左移就是把该数值的二进制存储(补码)左移(含符号位),左边移出的二进制位舍弃,右边补0。右移时,数据右边移出的二进制位舍弃,左边补0还是1,取决于被移动的数据量的数据类型。若右移无符号整型量,则左边补0;若右移有符号整型量,则左边补符号位(即符号位是1补1,符号位是0补0)。因此在C语言中,左移1位相当于乘以2,右移1位相当于除以2。

知识点10:自增、自减运算符和表达式

【题目】关于C语言的自增、自减运算,以下错误的说法是________。

A）自增、自减运算符只能作用于变量,而不能作用于常量或表达式

B）自增、自减运算中前缀运算(如: ++i)是“先变后用”,而后缀运算(如:i --)是“先用后变”

C）自增、自减运算符的结合性是自右向左的

D）若变量已正确定义,则(-i) ++是合法的C语言表达式

【答案】D

【解析】自增、自减运算不能用于表达式,由于(-i)属于表达式,所以选项D错误,但表达式 -i++却是合法的。

知识点11:赋值运算符和赋值表达式

【题目】下列变量定义和表达式中,正确的是________。

A）int a=1; a+=-a+=a*a;

B）int a=1, b=2; a=7+b=a+7;

C）int a=1, b=2, c=3; a=b==c;

D）int x=y=10;

【答案】C

【解析】在C语言中,赋值运算的结合性是自右向左的,赋值运算符左侧只能是一个变量名,即不可以给一个计算表达式赋值,所以选项A和B错误;选项C是将b==C的值赋给变a,即a=0,表述正确;选项D错误,因为在变量定义时不能连续赋初值,可以写成:int x=10,y=10;。

知识点 12：逗号运算符和逗号表达式

【题目】执行语句 x = (a = 3, b = a --);后变量 x,a,b 的值依次为________。

A) 3,3,2　　B) 2,3,2　　C) 3,2,3　　D) 2,3,3

【答案】C

【解析】本题括号中为逗号表达式,其中各表达式依次计算,得 a = 3, b = 3,整个逗号表达式的值是最后一个表达式,即 b 的值,所以 x = 3,最后 a -- ,a = 2,所以选项 C 正确。

知识点 13：sizeof()运算符和表达式

【题目】已知 int i; 以下关于 sizeof 错误的说法是________。

A) sizeof(int) 是合法的 C 语言表达式

B) sizeof int 是合法的 C 语言表达式

C) sizeof i 是合法的 C 语言表达式

D) sizeof 是关键字,sizeof ()是运算符

【答案】B

【解析】在 C 语言中,sizeof 是运算符,而不是函数。在用 sizeof 计算一个"类型"量所占存储空间大小时,括号不可以省略,如 sizeof(int) 是合法的,而 sizeof int 是非法的。sizeof(i)和 sizeof i 用于求变量 i 存储空间大小,均合法。所以选项 B 错误。

知识点 14：运算符的优先级和结合性

【题目】关于 C 语言运算符的优先级和结合性,以下错误的说法是________。

A) 逗号运算符的优先级最低

B) 以下运算符的运算优先顺序是:算术运算符 < 关系运算符 < 赋值运算符 < 逻辑与运算符

C) 条件运算的结合性是自右向左

D) 表达式按运算符的优先级从高到低进行计算,若相邻的两个运算符优先级相同,则按其结合性的方向进行运算

【答案】B

【解析】正确的运算符优先顺序是:算术运算符 > 关系运算符 > 逻辑与运算符 > 赋值运算符,所以选项 B 错误。

知识点 15：类型转换

【题目】已知 char ch = 277;,若将 ch 看作是 1 个字节长度的整形量,则 ch 的值是________。

【答案】21

【解析】由于 277 > 255,作为 1 个字节长度的整形量有溢出,则其有效值为277 - 256 = 21。

三、练习题

1. 下面四个选项中,均是 C 语言关键字的选项是________。

A) auto	B) sizeof	C) unsigned	D) if
enum	typedef	union	struct
include	continue	scanf	type

2. 下列四个选项中，均是不合法标识符的选项是________。

A）AAA　　B）float　　C）b-a　　D）-123
F_117　　0a0　　goto　　temp
do　　_A　　int　　INT

3. C语言中的基本数据类型包括________。

A）整型、实型、字符串　　B）整型、实型、逻辑型、字符型
C）整型、字符型、布尔型　　D）整型、实型、字符型

4. 在C语言中，char型数据在内存中的存储形式是________。

A）BCD码　　B）ASCII码　　C）原码　　D）反码

5. 设有补码表示的两个单字节带符号整数a=01001110和b=01001111，则a-b的结果用补码表示为________。

A）11111111　　B）10011101　　C）00111111　　D）10111111

6. 在C语言中，假定一个int型数据在内存中占2个字节（如在TC中），则unsigned int型数据的取值范围为________。

A）0~255　　B）0~32767　　C）0~65535　　D）0~2147483647

7. 下列四个选项中，均是合法整型常量的选项是________。

A）139　　B）-0xcde　　C）-01　　D）-0x48a
-0xffff　　01a　　986,012　　2e5
012　　0xe　　0668　　0x

8. 下列四个选项中，均是不合法的浮点数的选项是________。

A）160.　　B）123　　C）-.18　　D）-e3
0.12　　2e4.2　　123e4　　.234
e3　　.e5　　0.0　　1e3

9. 以下错误的字符串常量是________。

A）'abc'　　B）"12'12"　　C）"0"　　D）""

10. 若有代数式$\frac{5ab}{cd}$，则错误的C语言表达式是________。

A）a/c/d*b*5　　B）5*a*b/c/d
C）5*a*b/c*d　　D）a*b/c/d*5

11. 以下表达式中，运算结果错误的是________。

A）5%2 的结果为1　　B）5%(-2) 的结果为-1
C）(-5)%2 的结果为-1　　D）(-5)%(-2) 的结果为-1

12. 以下程序的功能：输入一个三位整数，实现循环右移一位。如输入：123 <回车>，则输出为：312，请填空：

```
#include <stdio.h>
main()
{  int n, tmp;
   printf("请输入一个三位整数(100-999):");
   scanf("%d", &n);
```

```
    if (n>=100&&n<=999)/*关于if语句的使用方法,可查阅第四章*/
    {  tmp=__(1)_______;
       n=__(2)_______;
       n=tmp*100+n;
       printf("%d",n);
    }
    else
       printf("输入数据错误");
}
```

13. 以下程序的运行结果是________。

```
#include <stdio.h>
main()
{  int i, j, k;
   i=3; j=2; k=1;
   printf("%d", i<j==j<k);
}
```

14. 设x、y和z是int型变量,且x=3, y=4, z=5,则下面表达式中值为0的是________。

A) 'x'&&'y'　　B) x<=y

C) x||y+z && y-z　　D) !((x<y)&&!z||1)

15. 以下程序的运行结果是________。

```
#include <stdio.h>
main()
{  int i=1, j=1, k=1, x;
   x=++i||++j&&++k;
   printf("%d,%d,%d,%d",x,i,j,k);
}
```

*16. 以下程序的运行结果是________。

```
#include <stdio.h>
main()
{  int a=4;
   char plain='A', key='1', cipher;
   printf("%d,%d  ", a<<1, a>>1);
   printf("%c,", plain);
   cipher=plain^key;
   printf("%c,%c", cipher, cipher^key);
}
```

17. 下列表达式中,正确的C语言表达式是________。

A) i+++j++　　B) ++i+++j

C) (i+j)++　　D) 'A'++

18. 以下程序的运行结果是________。

```
#include <stdio.h>
main()
{  int i=010, j=10;
   printf("%d,%d\n", ++i, j--);
}
```

19. 已知有变量a,其值为9,则表达式a*=2+3的值是________。

20. 已知有变量a,其值为9,则表达式a+=a-=a+a的值是________。

21. 若已知int a=1;则执行语句“x=a+2, b=a--;”后变量x,a,b的值依次为________。

22. 以下程序的运行结果是________。

```
#include <stdio.h>
main()
{  int y=3, x=3, z=1;
   printf("%d,%d\n", (++x, y++), z+2);
}
```

23. 已知在16位计算机上有如下C语言定义:int i=3; 则表达式:sizeof i * i ; 的值为________。

24. 在16位计算机上,以下程序的运行结果是________。

```
#include <stdio.h>
main()
{  int i=5;
   printf("%d,", i);
   printf("%d,", sizeof(i++));
   printf("%d", i);
}
```

25. 以下程序的运行结果是________。

```
#include <stdio.h>
main()
{  int a=3, b=2;
   int c=1, d=0;
   printf("%d", d==a>b+c);
}
```

26. 已知char ch=249; int i=ch;,则i的十进制值是________。

27. 已知unsigned char ch=249; int i=ch;,则i的十进制值是________。

第 3 章　标准设备的输入/输出

一、本章知识点

1. printf()函数的使用
2. scanf()函数的使用
3. getchar()和 putchar()函数的使用

二、例题、答案和解析

知识点 1:printf()函数的使用

【题目】以下程序的运行结果是________。

```
#include <stdio.h>
main()
{  int a =12345, b =1234;
   float c =34567.899;
   printf("%4d\n", a);
   printf("%d\t%s\n", b, "Welcome");
   printf("%10.2f\n", c);
}
```

A) 12345
1234␣␣␣␣Welcome
␣␣34567.90

B) 12345
1234␣␣␣␣␣␣␣␣Welcome
␣␣34567.90

C) 1234
1234␣␣␣␣Welcome
␣␣34567.89

D) 2345
1234␣␣␣␣␣␣␣␣Welcome
␣␣34567.899

【答案】A

【解析】printf 函数可用于输出各种数据类型的量。本题中使用的格式控制符%4d,用于输出整型量,其中数字 4 表示输出的整数最少占用 4 列(如果实际输出量的长度大于 4,则按实际长度输出,如果输出量的长度小于 4,则默认右对齐,左侧补空格);转义字符\t,表示输出制表位(屏幕光标跳至下一制表位),C 语言中默认的屏幕制表位为 8 的整数倍加 1 列(屏幕上的第 1,9,17……列);格式控制符%s,用于输出字符串;格式控制符%10.2f,用于输出浮点数,10.2 表示输出的浮点数最少占用 10 列,其中小数部分占 2 列,小数点本身占 1 列,整数部分占 7 列,如实际输出量的整数部分长度大于 7,则按实际长度输出;如果整数部分长度小于 7,则左侧补空格,printf 在按格式输出限定位数的小数部分时,末尾会做四舍五入。选项 A 符合上述描述。

知识点 2:scanf()函数的使用

【题目】已有如下程序定义和输入语句,要求输入变量 a,b,c,d 的值分别为 10,'a','b',1234.56,当从屏幕的第一列开始输入数据,程序的输出如下:

a = 10

b = a

c = b

d = 1234.560000

则正确的数据输入方式是________。

```
#include <stdio.h>
main()
{  int a;
   char b, c;
   double d;
   scanf("a = %d", &a);
   getchar();
   scanf("%c", &b);
   scanf(" c = %c", &c);/ * 格式字符串的第一个 c 前有一空格 * /
   scanf("%lf", &d);
   printf("a = %d \nb = %c \nc = %c \nd = %f \n", a, b, c, d);
}
```

A) a = 10
a
c = b
1234.56

B) a = 10
'a'
c = 'b'
1234.56

C) 10
ab
1234.56

D) a = 10a
c = b1234.56

【答案】A

【解析】格式控制字符%c 输入字符时不需要单引号,所以 B 选项错误。scanf()函数的格式控制字符串中,除格式控制字符以外的字符串需要原样输入,所以 C 选项错误。源程序中有一行 getchar(),所以 D 选项中 a = 10a 有误,10 后紧跟字符 a,这样字符 a 会被 getchar()读入并舍弃,而之后的字符"回车"会被变量 b 读入。所以选项 A 正确。

知识点 3:getchar()和 putchar()函数的使用

【题目】执行程序,并按下列方式输入数据(从第 1 列开始输入)。

12 <回车>

34 <回车>

以下程序的运行结果是________。

```
#include <stdio.h>
```

```
main()
{  char a, b, c, d;
   scanf("%c%c",&a,&b);
   c=getchar();
   d=getchar();
   printf("%c%c%c%c\n", a, b, c, d);
}
```

A) 1234　　B) 12　　C) 12
3　　D) 12
34

【答案】C

【解析】根据用户输入,程序分别给字符型变量 a、b、c、d 赋值为'1'、'2'、'\n'、'3',因此选项 C 正确。

三、练习题

1. 以下程序的运行结果是________。

```
#include <stdio.h>
main()
{  char c='A';
   int n=66,tmp;
   float f=23.456;
   printf("c=%d\tc=%o\n", c, c);
   printf("n=%c\tn=%x\n", n, n);
   tmp=printf("f=%5.1f\tf=%3.2f\n", f, f);
   printf("%d", tmp);
}
```

A)
```
c=65     c=101
n=B      n=42
f=23.5   f=23.46
16
```

B)
```
c=65     c=101
n=B      n=42
f=23.5   f=.46
13
```

C)
```
c=65     c=101
n=B      n=42
f=23.5   f=0.46
14
```

D)
```
c=65     c=101
n=B      n=42
f=23.5   f=.46
14
```

2. 以下程序的功能:输入半径 r,求半径为 r 的圆的面积和半径为 r 的球的体积,请填空。

```
#include <stdio.h>
#define PI 3.14
main()
```

```
{   double r, area, volume;
    int t;
    printf("please input r:\n");
    t = scanf(__(1) _______);
    if (__(2) _______)
    {   area = PI * r * r;
        volume = __(3) _______;
        printf("The area is %.2f.\n", area);
        printf("The volume is %.2f.\n", volume);
    }
    else
        printf("Input error!\n");
}
```

3. 运行以下程序,输入:a,b <回车>,则程序的运行结果是_______。

```
#include <stdio.h>
main()
{   char c1,c2;
    c1 =getchar();
    c2 =getchar();
    putchar(c1);
    putchar(getchar());
}
```

A) a,b　　B) ab　　C) a,　　D) ,b

第4章　C语言的流程控制

一、本章知识点

1. C程序的结构和语句
2. if语句
3. if语句的嵌套
4. 条件运算符
5. switch语句
6. while语句
7. for语句
8. do-while语句
9. break语句和continue语句
10. 循环的嵌套

二、例题、答案和解析

知识点1:C程序的结构和语句

【题目】关于C语言的程序结构,以下错误的说法是________。

A）结构化程序由顺序结构、选择结构和循环结构三种基本结构组成

B）复合语句(或语句块)是指用一对花括号"{ }"括起的若干条语句,系统在语法上将它们视为一条语句

C）复合语句的花括号之后需要加";",表示语句结束

D）C语言是一种结构化程序设计语言

【答案】C

【解析】用花括号"{ }"括起的若干条语句就是一个完整的复合语句,括号之后不需要加";",所以选项C错误。

知识点2:if语句

【题目】关于if语句,以下错误的说法是________。

A）if后面表达式两侧的圆括号不能省略

B）if后面的表达式可以是C语言中任意合法的表达式

C）在if（表达式）的后面不能加";"

D）else子句只能和if配对使用,不能单独作为一个语句使用

【答案】C

【解析】语法上,"if(表达式)；",表示if语句的语句体是空语句,所以选项C错误。"if(表达式);"在语法上正确,但在逻辑上,表示当条件满足(即表达式为真)时,做空语句(即

不做任何操作),所以该 if 语句无意义。

知识点 3:if 语句的嵌套

【题目】以下程序的运行结果是________。

```
#include <stdio.h>
main()
{  int x=-1;
   printf("The x is ");
   if (x>=0)
   if (x==0) printf("Zero.");
   else if (x>0) printf("Positive.");
   else printf("Negative.");
}
```

【答案】The x is

【解析】由于为避免在嵌套的 if-else 中产生二义性,C 语言规定 else 子句总是与其之前最近的尚未配对的 if 配对。在本例中,最后一个 else 实际是与上一行 if 配对,而非与"if (x>=0)"配对,所以当 x=-1 时,因不满足(x>=0),后面的语句均不会执行。

知识点 4:条件运算符

【题目】以下程序的运行结果是________。

```
#include <stdio.h>
main()
{  int a=1, b=2, c=3, d=4, e=5, k;
   k=a>b?c:d>e?d:e;
   printf("%d",k);
}
```

【答案】5

【解析】条件语句的结合性是自右向左,a>b? <u>c:d>e? d:e</u>,其中有下划线的部分是一个表达式。

知识点 5: switch 语句

【题目】关于 switch 语句,以下错误的说法是________。

A) switch 后面括号内的"表达式"的值只能是整型、字符型和枚举型

B) switch 语句中的 default 子句是可选的

C) switch 的 case 子句中若包含多条语句,可以不加大括号

D) switch 的 case 子句后面只能跟整形变量

【答案】D

【解析】case 子句后面只能跟常量,所以选项 D 错误。

知识点 6: while 语句

【题目】运行以下程序,输入"abc123def <CR>",则程序的运行结果是________。

```
#include <stdio.h>
```

```
main()
{  char c;
   while((c=getchar())!='\n')
   {  if('A'<=c&&c<='Z')  putchar(c);
      else if('a'<=c&&c<='z')  putchar(c-32);
   }
}
```

【答案】ABCDEF

【解析】本题用 while 循环和 getchar 循环读入键盘输入，终止条件是按回车 <CR>。循环体内判断输入是否是大写字母，若是则原样输出，若是小写字母，转换成大写后输出，其他字符不做处理。

知识点 7：for 语句

【题目】以下程序的运行结果是________。

```
#include <stdio.h>
main()
{  int  x,y;
   for(x=30,y=0;x>=10,y<10;x--,y++)
       x/=2,y+=2;
   printf("x=%d,y=%d\n",x,y);
}
```

【答案】x=0,y=12

【解析】本题 for 语句的初始化表达式、条件表达式、修正表达式以及循环体都是逗号表达式。逗号表达式的值为最后一个表达式的值，所以条件表达式“x >= 10，y < 10”的判断依据是“y < 10”。

知识点 8：do－while 语句

【题目】运行以下程序，输入 1234 <回车>，则程序的运行结果是________。

```
#include <stdio.h>
main()
{  int num,c;
   scanf("%d",&num);
   do
   {  c=num%10;
      printf("%d",c);
   } while((num/=10)>0);
   printf("\n");
}
```

【答案】4321

【解析】本题采用模十除十的方法，逆向输出整数。

知识点9:break 语句和 continue 语句

【题目1】运行以下程序,输入:1 2 3 4 -2 5 0 -7 8 2<回车>,则程序的运行结果是________。

```
#include <stdio.h>
#define N 10
main()
{  int i, s=0, count=0;
   int temp;
   for(i=0; i<N; i++)
   {  scanf("%d", &temp);
      if(temp<=0) continue;
      s+=temp;
      count++;
   }
   printf("s=%d,count=%d\n", s, count);
}
```

【答案】s=25,count=7

【解析】continue 语句的意义是结束本次循环。上述程序是功能:输入10个数,计算其中大于零的数的和,并计数。

【题目2】运行以下程序,输入:1 2 3 4 -2 5 0 -7 8 2<回车>,则程序的运行结果是________。

```
#include <stdio.h>
#define N 10
main()
{  int i, s=0, count=0;
   int temp;
   for(i=0; i<N; i++)
   {  scanf("%d", &temp);
      if(!temp) break;
      if(temp<0) continue;
      s+=temp;
      count++;
   }
   printf("s=%d,count=%d\n", s, count);
}
```

【答案】s=15,count=5

【解析】break 语句的意义是结束循环整体,continue 语句的意义是结束本次循环。上述程序功能:输入不多于10个数,计算其中大于零的数的和,并计数,输入达10个数或输入“0”时终止程序。

知识点10:循环的嵌套

【题目】以下程序的运行结果是________。

```
#include <stdio.h>
#define N 5
main()
{  int i, j;
   for(i=N/2; i>=-(N/2); i--)
   {  for (j=-(N/2); j<=N/2; j++)
          if (abs(i)>=abs(j))  printf("*");
          else printf(" ");
      printf("\n");
   }
}
```

【答案】

```
*****
 ***
  *
 ***
*****
```

【解析】双重循环的执行过程为:外循环变量确定一个值后,进入内循环,内循环从头做到尾,然后返回外循环,外循环变量确定下一个值,重新进入内循环,内循环再次从头做到尾……直到外循环变量的最后一个值做完。本题构建了一个坐标模型,变量 i 对应纵坐标,其值从 2 至 -2,变量 j 对应横坐标,其值从 -2 至 2,通过两重循环嵌套遍历坐标区域,当纵坐标绝对值大于等于横坐标绝对值时输出"*",否则输出空格。

三、练习题

1. 关于 C 语言的程序结构和语句,以下正确的说法是________。

A) 结构化程序由顺序结构、选择结构和嵌套三种基本结构组成

B) 花括号对{}只能用来表示函数的开头和结尾,不能用于其他目的

C) 频繁地使用空语句会降低程序的可读性和运算速度

D) 程序中包含了三种基本结构的算法就是结构化程序

2. 以下程序的运行结果是________。

```
#include <stdio.h>
main()
{  int a=1, b=3, c=5;
   if (c=a+b)                    /* 注意与(c==a+b)的区别 */
      printf("yes\n");
   else
      printf("no\n");
}
```

3. 以下程序的运行结果是________。

```
#include <stdio.h>
main()
{ int a=1,b=2,t=0;
  if(a>b) t=a; a=b; b=t;/* 注意与{t=a; a=b; b=t;}的区别 */
  printf("a=%d, b=%d",a,b);
}
```

4. 运行以下程序,输入:-1<回车>,则程序的运行结果是________。

```
#include <stdio.h>
main()
{ int m;
  scanf("%d", &m);
  if (m >=0)
     if (m%2 ==0) printf("%d is a positive even\n", m);
     else printf("%d is a positive odd\n", m);
  else if (m%2 ==0) printf("%d is a negative even\n", m);
  else printf("%d is a negative odd\n", m);
}
```

5. 以下程序的运行结果是________。

```
#include <stdio.h>
main()
{ int a=1,b=0;
  if(!a) b++;
  else if (a==0)
  if (a) b+=2;
  else b+=3;
  printf("%d",b);
}
```

A) 0　　B) 1　　C) 2　　D) 3

6. 以下程序的运行结果是________。

```
#include <stdio.h>
main()
{ int a=1,b=0;
  if(!a) b++;
  else if (a==0)
  { if (a) b+=2; }
  else b+=3;
  printf("%d", b);
}
```

A) 0　　B) 1　　C) 2　　D) 3

7. 已知 ch 是 char 型变量,其值为 'A',
则表达式 ch = (ch >= 'A'&& ch <= 'Z') ? (ch + 32) : ch 的值为________。

A) 'A'　　B) 'a'

C) 'Z'　　D) 'z'

8. 以下程序的功能:输出 1000 以内所有 11 的倍数,要求一行输出 6 个数,请填空。

```
#include <stdio.h>
main()
{  int i, j=0;
   for (i=10; i<1000; i++)
   {  if (__(1) _______) continue;
      j ++;
      printf((__(2) _______)?j=0,"%d\n":"%d\t", i);
   }
}
```

9. 运行以下程序,输入:A <回车>,则程序的运行结果是________。

```
#include <stdio.h>
main()
{  char ch;
   ch = getchar();
   switch(ch)
   {  case 'A' :
         printf("%c", 'A');
      case 'B' :
         printf("%c", 'B');
         break;
      default:
         printf("%s\n", "other");
   }
}
```

10. 以下程序的运行结果是________。

```
#include <stdio.h>
main()
{  int x =1, y =0, a =0, b =0;
   switch(x)
   {  case 1:
         switch(y)
         {  case 0:
               a ++; break;
```

```
            case 1:
                b++; break;
            }
        case 2:
            a++; b++; break;
        case 3:
            a++; b++;
    }
    printf("a=%d,b=%d\n", a, b);
}
```

11. 以下程序的运行结果是________。

```
#include <stdio.h>
main()
{  int sum=10, n=1;
   while(n<3)
   {  sum=sum-n;
      n++;
   }
   printf("%d,%d", n, sum);
}
```

12. 以下程序的运行结果是________。

```
#include <stdio.h>
main()
{  int k=3, sum=0;
   while(k--);
   sum+=k;
   printf("%d,%d", sum, k);
}
```

13. 以下程序的运行结果是________。

```
#include <stdio.h>
#define N 100
main()
{  int i=1, sum=0;
   for( ; ; )
   {  sum+=i;
      if (++i>100) break;
   }
   printf("%d\n", sum);
}
```

14. 以下程序的功能：打印输出九九乘法表，请填空。

```
#include <stdio.h>
main()
{  int i, j;
   for(__(1) _______)
   {  for (__(2) _______)
          printf("%3d*%d=%2d",j,i,i*j);
      printf("\n");
   }
}
```

15. 以下程序的运行结果是_______。

```
#include <stdio.h>
main()
{  int sum=0, x=5;
   do
       sum+=x;
   while(!--x);
   printf("%d\n", sum);
}
```

A) 0　　B) 5　　C) 14　　D) 15

16. 以下程序的功能：输入年份，验证其有效性并判断其是否是闰年，请填空。

```
#include <stdio.h>
main()
{  int year, r;
   do
   {  printf("请输入年份:");
      r=scanf("%d", &year);
      fflush(stdin);/* 系统函数,功能是清空输入缓冲区 */
   }while(__(1) _______);
   if(__(2) _______)
      printf("%d年是闰年\n", year);
   else printf("%d年非闰年\n", year);
}
```

17. 以下程序功能：用辗转相除法求两个数的最大公约数和最小公倍数，请填空。

```
#include <stdio.h>
main()
{  int a, b, r, tmp_a, tmp_b;
   printf("please input two numbers:\n");
   scanf("%d%d", &a, &b);
```

```
   tmp_a = a;
   tmp_b = b;
   __(1) _______;
   while (r! = 0)
   {  a = b; b = r; r = a%b;  }
   printf("最大公约数:%d\n",b);
   printf("最小公倍数:%d\n",__(2) _______);
}
```

18. 以下程序功能:判断一个数是否是回文数,请填空。

```
#include <stdio.h>
int main(void)
{  int a, tmp, sum = 0;
   scanf("%d", &a);
   tmp = a;
   while(__(1) _______)
   {  sum = sum * 10 + tmp%10;
      __(2) _______;
   }
   if (sum == a)
      printf("%d 是回文数\n", a);
   else
      printf("%d 不是回文数\n", a);
}
```

19. 以下程序功能:打印输出斐波那契数列的前 20 项,请填空。

```
#include <stdio.h>
main()
{  long int f1,f2;
   int i;
   f1 =1; f2 =1;
   for(i=1; i<=20; i++)
   {  printf("%12ld %12ld",f1,f2);
      if(i%2 ==0)
         printf("\n");
      __(1) _______;
      __(2) _______;
   }
}
```

20. 以下程序功能:判断输入整数是否是素数,请填空。

```
#include <stdio.h>
```

```
#include <math.h>
main()
{
    int x, b, i;
    printf("Please input a integer number: ");
    scanf("%d", &x);
    b=sqrt(x); /* sqrt()是数学库函数,功能为开个平方根 */
    for (__(1) ________)
        if(x%i==0) break;
    if(__(2) ________)
       printf("%d is a prime number\n", x);
    else
       printf("%d is not a prime number\n", x);
}
```

21. 以下程序实现了一个简易计算器:从键盘输入数据,验证其有效性后进行四则运算,并输出计算结果,请填空。

```
#include <stdio.h>
main()
{  float x, y;
   char op;
   if (scanf("%f%c%f", &x, &op, &y)==3 )
   {  float result;
      printf("%.2f%c%.2f=", x, op, y);
      switch (__(1) ________)
      {  case '+':
             printf("%f\n", x+y);
             break;
         case '-':
             printf("%f\n", x-y);
             break;
         case '*':
             printf("%f\n", x*y);
             break;
         case '/':
             if (__(2) ________) printf("除数不能是零\n");
             else printf("%f\n", x/y);
             __(3) ________;
         default:
             printf("输入数据有误\n");
```

```
      }
    }
    else printf("输入数据有误\n");
}
```

22. 以下程序功能:

利用公式 $\frac{\pi}{2}=1+\frac{1}{3}+\frac{1}{3}\times\frac{2}{5}+\frac{1}{3}\times\frac{2}{5}\times\frac{3}{7}+\cdots+\frac{1}{3}\times\frac{2}{5}\times\frac{3}{7}\times\cdots\frac{n}{2n+1}$ 求圆周率,要求当能项精度小于 10^{-6} 时,输出结果,请填空。

```
#include <stdio.h>
#include <math.h>
main()
{  int i=1;
   double pi=0, t=1;
   do
   {  pi=pi+t;
      __(1)__________;
      i++;
   } while(fabs(t)>=1e-6);
                                    /* fabs()数学库函数,功能为求实数绝对值 */
   printf("result: %lf\n", __(2)________);
}
```

23. 以下程序功能:用迭代法求 a 的平方根, $x=\sqrt{a}$ 。

迭代公式为: $x_{n+1}=\frac{1}{2}\left(x_n+\frac{a}{x_n}\right)$, 要求前后两次求出的 x 的差的绝对值小于 10^{-6},请填空。

```
#include <stdio.h>
#include <math.h>
main()
{  double x, x1, y, a;
   x=x1=1;                        /* 初始化迭代因子 */
   printf("Please input a: ");
   scanf("%lf", &a);
   do
   {  x=x1;
      __(1)________;
   } while(fabs(__(2)________)>=1e-6);
   printf("result: %lf\n", x1);
}
```

第5章　函　数

一、本章知识点

1. 函数的定义
2. 函数的调用
3. 函数的参数
4. 函数的类型与返回值
5. 函数的原型声明
6. 函数的嵌套调用
7. 函数的递归调用
8. 使用C系统函数
9. 作用域
10. 存储类别
11. 全局变量的作用域的扩展和限制
12. 程序的多文件组织
13. 内部函数和外部函数

二、例题、答案和解析

知识点1：函数的定义

【题目1】能正确求解两单精度数之和的程序是________。

A)
```
float add(float x, float y)
{  float r;
   r = x + y;
   return r;
}
```

B)
```
float add(float x, y)
{  float r;
   r = x + y;
   return r;
}
```

C)
```
int add(float x, float y)
{  float r;
   r = x + y;
   return r;
}
```

D)
```
void add(float x, float y)
{  int r;
   r =x +y;
   return r;
}
```

【答案】A

【解析】选项B错在形参x与y没有分开说明。选项C错在函数的类型,函数的类型应该与函数返回值的类型一致,本题应该返回单精度数,而不是整型数。选项D也错在函数的类型,void表明函数没有返回值,而本题函数有返回值。

【题目2】以下说法中正确的是________。

A) 组成C语言程序的基本单位是主程序,程序总是从第一个定义的函数开始执行

B) 组成C语言程序的基本单位是子程序,程序中要调用的函数必须在main()函数中定义

C) 组成C语言程序的基本单位是函数,程序总是从main()函数开始执行

D) 组成C语言程序的基本单位是过程,程序中的main()函数必须放在程序的开始部分

【答案】C

【解析】C语言程序是由函数构成,函数可以是库函数和自定义函数。C语言程序总是从main()函数开始执行。在函数体内,可以调用其它函数,但不能定义另一个函数,即函数可以嵌套调用,但不能嵌套定义。函数(包括main()函数)可以放在文件的任何位置。

知识点2:函数的调用

【题目1】C语言规定,调用一个函数时,实参变量和形参变量之间的数据传递方式是________。

A) 地址传递

B) 单向值传递

C) 由实参传给形参,并由形参传回给实参

D) 由用户指定传递方式

【答案】B

【解析】在调用函数时,系统会按对应的顺序用实参的值初始化形参。实参是表达式,简单的表达式可以是常量或变量,形参是被调函数的局部变量(在调用函数时分配空间)。实参初始化形参是将实参表达式的值赋给形参变量。如果实参是变量,则实参和形参有各自的存储单元,形参的改变,不能改变实参的值。

【题目2】以下程序的运行结果是________。

```
#include <stdio.h>
void  func(int y)
{  ++y;
   printf("%d  ", y);
}
main()
```

```
{  int x=5;
   func(x);
   printf("%d",x);
}
```

【答案】6　5

【解析】main 函数调用 func 时，执行了 int y = x 初始化语句。形参 y 是一个新创建的局部动态变量，它的改变不影响实参 x。x 和 y 是不同的变量，各自有自己的存储空间。

【题目 3】根据程序写出函数的首部。

```
main()
{  int s1, double s2, float s3;
   int n;
   :
   fun(s1, s2, s3);
   :
}
________________
{  printf("%d  %lf  %f",s1,s2,s3);}
```

【答案】void fun(int s1,double s2,float s3)

【解析】在 fun 函数体中没有返回语句，所以函数的类型为 void；fun 有三个实参，其类型分别为 int 、double 与 float。根据实参与形参的类型、顺序，个数一一对应的原则，函数的首部为 void fun(int s1,double s2,float s3)。

知识点 3：函数的参数

【题目 1】以下程序的运行结果是________。

```
#include <stdio.h>
func (int a, int b)
{  int c;
   c=a+b;
   return c;
}
main()
{  int x=6, y=7, z=8, r;
   r=func ((x--, y++, x+y ), z--);
   printf ("%d \n ", r );
}
```

A) 11　　B) 20　　C) 21　　D) 31

【答案】C

【解析】func 函数有 2 个实参，(x -- , y ++ , x + y)是逗号表达式。在函数调用时，执行 2 个初始化语句，int b = z -- 和 int a = (x -- ,y ++ ,x + y)。形参 b 的值为 8，a 的值为 13，函数返回 21。

【题目2】以下程序的运行结果是________。

```
#include <stdio.h>
int fun(int a, int b)
{  int c;
   if(a>b)  c=1;
   else if(a==b) c=0;
   else c=-1;
   return(c);
}
main()
{  int n, s;
   n=2; s=fun(n, ++n); printf("(1)s=%d  ,", s);
   n=2; s=fun(++n, n); printf("(2)s=%d  ,", s);
   n=2; s=fun(n, n++); printf("(3)s=%d  ,", s);
   n=2; s=fun(n++, n); printf("(4)s=%d\n", s);
}
```

【答案】(1)s=0,(2)s=1,(3)s=0,(4)s=0。

【解析】实参求值顺序从右向左。

(1) s=fun(n, ++n) 的实参求值顺序为:n+=1;int b=n;int a=n;
所以 a=3,b=3,s=0。

(2) s=fun(++n, n) 的实参求值顺序为:int b=n;n+=1;int a=n;
所以 a=3,b=2,s=1。

(3) s=fun(n, n++) 的实参求值顺序为:int b=n;int a=n;n+=1;
所以 a=2,b=2,s=0。

(4) s=fun(n++, n) 的实参求值顺序为:int b=n;int a=n;n+=1;
所以 a=2,b=2,s=0。

知识点4:函数的类型与返回值

【题目1】C语言中函数返回值的类型是由________决定的。

A) return 语句中的表达式类型　　B) 调用该函数的主调函数类型

C) 调用函数时临时　　D) 定义函数时所指定的函数类型

【答案】D

【解析】函数的类型决定了函数返回值的类型。

【题目2】以下程序的运行结果是________。

```
#include <stdio.h>
int test()
{  float a=5.7;
   return a;
}
main()
```

```
{  int b;
   b=test();
   printf("b=%d\n", b);
}
```

【答案】b=5

【解析】当返回值的类型与函数的类型不同时,系统会自动将返回值强制转换为函数的类型的量。

知识点5:函数的原型声明

【题目1】写出被调函数的声明语句

```
#include <stdio.h>
__________________;
main()
{  int a=2,b=5,c=8;
   printf("%3.0f\n",fun((int)fun(a+c,b),a-c));
}
float fun(int x, int y)
{  return(x+y);  }
```

【答案】float fun(int x, int y); 或 float fun(int, int);

【解析】函数必须先声明后使用。当被调函数的定义在主调函数之前,函数定义本身就是函数声明。当被调函数的定义在主调函数之后,则在主调函数之前必须对被调函数声明(整型函数除外)。函数原型声明是为了检查函数调用时参数类型和个数方面的错误,不需要了解形参的名称,所以说明语句有两种形式。第一种是将函数定义的首部加分号构成函数声明语句,本题的函数声明语句为 float fun(int x, int y);。第二种声明是将第一种声明中的函数形参名去掉,本题函数的第二种声明语句为 float fun(int, int);。

【题目2】已知一个函数的定义如下:

```
double fun(int x, double y)
{  ......    }
```

则该函数正确的函数原型声明语句为:

A) double fun (int x, double y);　　B) fun (int x, double y);

C) double fun (int, double);　　D) fun(x, y);

【答案】C

【解析】选项A不是语句。选项B中函数的类型没有写,则默认为int,与函数定义不符,错误。选项D是调用语句,错误。

知识点6:函数的嵌套调用

【题目1】以下程序运行输出结果是________。

```
#include <stdio.h>
int fun1(int x, int y)
{  return x>y?x:y; }
int fun2(int x, int y)
```

```
{  return x >y?y:x; }
main()
{  int a =4, b =3, c =5, d =2, e, f, g;
   e = fun2(fun1(a,b),fun1(c,d));
   f = fun1(fun2(a,b),fun2(c,d));
   g =a +b +c +d -e -f;
   printf("%d,%d,%d\n",e,f,g);
}
```

A) 4,3,7　　B) 3,4,7

C) 5,2,7　　D) 2,5,7

【答案】A

【解析】通过阅读程序可知,fun1 函数返回两数中的大数,fun2 函数返回两数中的小数。e = fun2(fun1(a,b),fun1(c,d));是函数的嵌套调用语句,嵌套调用了两次 fun1 函数,fun1 函数返回值分别作为 fun2 的两个实参。fun1(a,b)的返回值为 4,fun1(c,d)的返回值为 5,所以 fun2(4,5)的返回值为 4,e 的值为 4。同理 f 的值为 3。根据形参改变不了实参的原则,a,b,c 的值均不会改变,g =4 +3 +5 +2 -4 -3 =7。答案为 A。

【题目 2】以下程序运行结果是________。

```
#include <stdio.h>
int fun (int x, int y)
{ if (x!=y)
     return ((x +y),2);
  else
     return (x);
}
main()
{  int a =4, b =5, c =6;
   printf("%d\n", fun(2 * a,fun(b,c)));
}
```

A) 11　　B) 6　　C) 8　　D) 2

【答案】D

【解析】主函数的函数调用 fun(2 * a,fun(b,c)),第一个实参是 2 * a,第二个实参是 fun(b,c)函数的返回值。注意被调函数中的((x + y),2)是逗号表达式。

知识点 7:函数的递归调用

【题目 1】以下程序运行结果是________。

```
#include <stdio.h>
fun(int x)
{  if(x/2 >0) fun(x/2);
   printf("%d  ",x);
}
```

```
main()
{  fun(6);
   printf("\n");
}
```

【答案】1　3　6

【解析】函数嵌套调用时,流程转入被调函数,被调函数执行完毕,流程返回主调函数。例如 main 调用 fun1 函数,fun1 函数调用 fun2 函数,fun2 函数调用 fun3 函数,被调函数是一系列不同的函数体,当然函数名也不同。而函数递归调用的本质是函数嵌套调用,此时被调函数可以被看成是一系列函数名相同而函数体不同的函数(即复制同名函数的函数体若干),对本例而言,就是 main 函数调用 fun 函数,fun 函数调用 fun 函数,fun 函数调用 fun 函数,每次调用 fun 函数时,区别在于参数不同,而被调用的函数体可以被看成一个新的函数。递归调用的具体过程为:

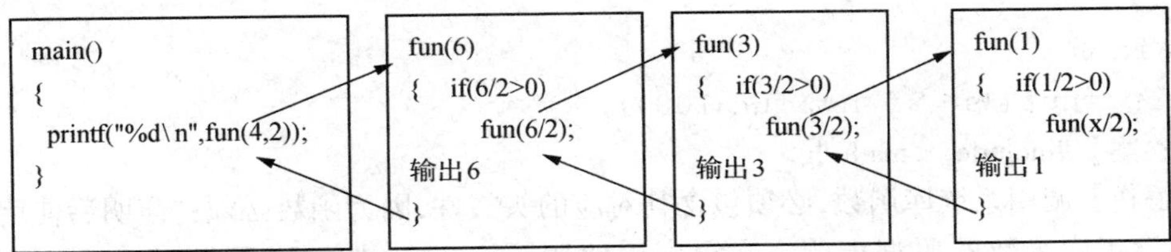

【题目2】以下程序运行结果是________。

```
#include <stdio.h>
int fun (int a, int b)
{  if (b==0)
       return a;
   else
       return (fun(--a, --b));
}
main()
{  printf("%d\n", fun(4,2));  }
```

【答案】2

【解析】递归调用的具体过程为:

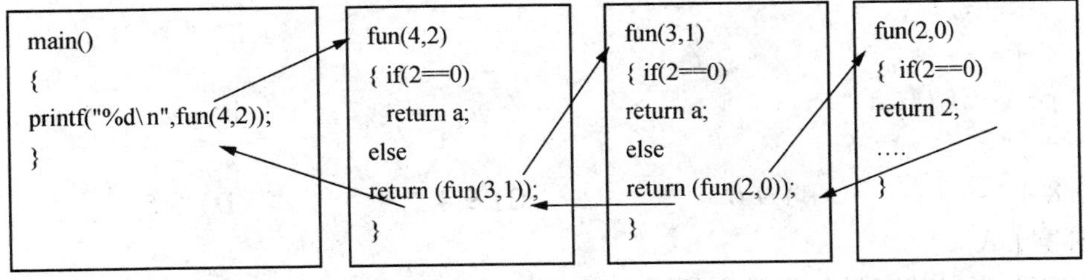

可见调用了 fun(3,1)和 fun(2,0)两次递归。

知识点 8:使用 C 系统函数

【题目】请完善以下程序。

```
#include <stdio.h>
____________________
double fun(int n)
{  double s =0.0;
   int i;
   for(i=0; i<n; i++)   //从 0 ~n 中找既能被 5 整除同时又能被 11 整除的数
     if(i%5 ==0&&i%11 ==0)
       s =s +i;
   s =sqrt(s);          //对 s 求平方根
   return  s;
}
main()
{  printf("s =%f \n", fun(100));  }
```

【答案】#include <math. h>

【解析】调用系统库函数,必须包含其对应的头文件,因为函数必须先声明后使用,在头文件包含了库函数的原型声明。本程序中使用了 sqrt(s)数学库函数,其声明在头文件 math. h 中。

知识点 9:变量作用域

【题目 1】以下程序运行结果是________。

```
#include <stdio.h>
int d =1;
fun(int p)
{  int d =5;
   d +=p ++;
   printf ("%d ",d);
}
main()
{  int a =3;
   fun(a);
   d +=a ++;
   printf("%d ",d);
}
```

A) 8 4　　B) 9 6　　C) 9 4　　D) 8 5

【答案】A

【解析】当局部变量与全局变量同名时,局部变量的使用优先,因此 fun 函数中使用的 d 是局部变量 d,与全局变量 d 无关。main 函数中没有定义变量 d,因此 main 函数中使用的 d 为全局变量 d。主函数调用 fun(3),执行 int p = a 给形参 p 分配空间,接收实参的值 3,d =

d + p = 5 + 3 = 8,p 自加后为 4,输出 d 值 8,释放 p 空间,返回主函数;执行 d = d + a = 1 + 3 = 4,a 自加后为 4,输出 d 值 4,所以答案为 A。

知识点 10:变量存储类别

【题目 1】在程序执行过程中,该程序的某一个函数 func ()中说明的 static 型变量 x 有这样的特性:

A) x 存在于 func ()被调用期间且仅能被 func ()所用

B) x 存在于整个程序执行过程中且仅能被 func () 所用

C) x 存在于 func ()被调用期间且可被所有函数所用

D) x 存在于整个程序执行过程中且可被所有函数所用

【答案】B

【解析】static 型变量存储在静态存储区中,编译时分配空间,在程序的运行过程中始终存在。static 型局部变量,在所定义的子函数或复合语句内有效。

【题目 2】以下程序运行结果是________。

```
#include <stdio.h>
int fun(int n);
main()
{  int a =3, s;
   s = fun(a);
   s = s + fun(a);
   printf("%d",s);
}
int fun(int n)
{  static int a =1;
   n += a++;
   return n;
}
```

【答案】9

【解析】静态型变量编译时初始化一次,离开函数后,静态变量仍然存在,下一次该函数被调用时,其值是前一次离开时的值。fun 函数第 1 次被调用结束时,局部静态变量 a 的值是 2,当 fun 函数第 2 次被调用时,a 的初值是其前一次离开时的值 2。

知识点 11:全局变量的作用域的扩展和限制

【题目 1】以下程序的正确运行结果是________。

```
#include <stdio.h>
void num()
{  extern int x, y;
   int a =15, b =10;
   x = a - b;
   y = a + b;
}
```

```
int x, y;
main()
{  int a=7,b=5;
   x=a+b;
   y=a-b;
   num();
   printf("%d, %d\n", x, y);
}
```

A) 12,2　　B) 不确定　　C) 5,25　　D) 1,12

【答案】C

【解析】全局变量的作用域的可以加 extern 扩展和 static 限制。全局变量的 x 和 y 的作用域是从它们的定义位置开始到本源程序结束。但 num 函数中 extern int x, y; 语句将全局变量 x,y 的作用域扩展到 num ()函数内,使得 num ()函数可以对全局变量 x,y 进行读写操作。main ()函数使用的 x 和 y 也是全局变量的 x 和 y。

【题目 2】以下程序能否正常执行?

源程序文件 f1. c

```
#include <stdio.h>
static int A;
main()
{  int power(int);
   int b=3, c, d, m;
   scanf("%d%d",&A, &m);
   d=power(m);
   printf("%d^%d=%d\n", A, m, d);
}
```

源程序文件 f2. c

```
extern A;
int power(int n)
{  int i, y=1;
   for(i=1; i<=n; i++)
      y=y*A;
   return(y);
}
```

【答案】不能

【解析】两文件单独编译都能通过,但是连接出错。出错信息为 f2. obj : error LNK2001: unresolved external symbol _A,因为全局变量 A 是 static 型的,限制它只能在 f1. c 文件中使用。

知识点 12:程序的多文件组织

【题目】求 1 ~ n 之间所有数的平方根。项目名为 sqrtList,由 f1. c 和 f2. c 两程序。

源程序文件 f1.c 的内容:

```
#include <stdio.h>
main(void)
{  int num;
   void SqrtList(int n);
   scanf("%d", &num);
   if(num>0) SqrtList(num);
}
```

源程序文件 f2:的内容:

```
#include <stdio.h>
#include <math.h>
void SqrtList(int n)
{  int i;
   for( i=1; i<=n; i++)
      printf("sqrt(%d)=%lf\n", i, sqrt(i));
}
```

输入 5,程序的运行结果是________。

【答案】

```
sqrt(1)=1.000000
sqrt(2)=1.414214
sqrt(3)=1.732051
sqrt(4)=2.000000
sqrt(5)=2.236068
```

【解析】一个完整的程序中的若干函数可以被存放在两个及两个以上文件中。一般主函数存放一个文件,算法存放另一文件。本题构造项目 sqrtList,将两源文件加入项目,编译、链接,生成可执行文件 sqrtList.exe。

知识点 13:内部函数和外部函数

【题目】以下程序的运行结果是________。

源程序文件 f1.c

```
#include <stdio.h>
void funb();   /*  或 extern void funb();   */
static void funa()
{  printf("f1—funa  "); }
main()
{  funa();
   funb();
}
```

源程序文件 f2.c

```
#include <stdio.h>
```

```
static void funa()
{  printf("f2—funa\n"); }
void funb()
{  funa();  }
```

【答案】f1—funa f2—funa

【解析】根据函数能否被其他源文件调用,将函数分为内部函数与外部函数。如果一个函数只能被本文件中的其他函数调用,称为内部函数,方法是在函数头前加关键字 static。如果一个函数能被其他文件中的函数调用,称为外部函数,方法是在函数头前加关键字 extern。如果省略 extern,系统默认为外部函数。程序的执行过程为:主函数调用 funa 函数,因为 funa 是内部函数,所以调用的是同文件的 funa,输出 f1—funa;调用 funb 函数,funb 是外部函数,存放在 f2.c 文件中,但在 f1.c 中进行了原型说明,可以正常调用。在f2.c中的 funb 函数又调用了 funa,funa 是内部函数,调用的是 f2.c 中的 funa 函数,输出 f2—funa。答案为 f1—funa f2—funa。

三、练习题

1. 形参为简单变量的函数,如果有返回值,应该由(1) ________语句返回。在同一个函数中用 retutn 语句返回值的个数为(2) ________个。当返回的表达式值的类型与函数的类型不同时,函数返回值的类型由(3) ________决定。void 为空类型,表明函数(4)________。

2. 以下程序是将输入的字符串中的字母变为小写字母。例如:输入 1A2B3C#,输出为 1a2b3c。

要使程序正确执行,请填空。

```
#include <stdio.h>
____________________
main()
{  char c;
   c=getchar();
   while(c!='#')
   {  if(isalpha(c))
         c=c+32;
      putchar(c);
      c=getchar();
   }
}
```

3. 下面说法正确的是________。

A) main()函数必须在其他函数之前定义,它可以定义和调用其他函数

B) main()函数可以在其他函数之后定义,它可以调用但不能定义其他函数

C) main()函数必须在其他函数之前定义,它不可调用但可以定义其他函数

D) main()函数必须在其他函数之后定义,它不可调用及定义其他函数

4. 已知函数 fun 的定义为：

```
void fun()
{  …  }
```

则函数定义中 void 的含义是________。

A）执行函数 fun 后，函数不再返回　　B）执行函数 fun 后，可以返回任意类型

C）执行 fun 后，函数没有返回值　　D）执行 fun 后，不会自动返回调用函数

5. 程序运行后的输出结果是________。

```
#include <stdio.h>
int f(int x);
main()
{  int a, b=0;
   for(a=0; a<3; a++)
   {  b=b+f(a);
      putchar('A'+b);
   }
}
int f(int x)
{  return x*x+1;  }
```

A）ABE　　B）BDI　　C）BCF　　D）BCD

6. 根据程序写出函数的首部。

```
main()
{  int a;
   float b;
      :
      fun(b,a);
      :
}

____________________
{  printf("%d ,%f",a,b); }
```

A）void fun(int m, float x)　　B）void fun(float a, int x)

C）void fun(int m, float x4])　　D）void fun(int x, float a)

7. 下列关于 C 函数的叙述中，正确的是________。

A）每个函数至少要具有一个参数　　B）每个函数都必须返回一个值

C）函数在被调用之前必须先声明　　D）函数不能自己调用自己

8. 函数调用语句：func((exp1,exp2),(exp3,exp4,exp5));

含有实参的个数________。

A）1　　B）2　　C）4　　D）5

9. 以下程序的运行结果是________。

```
#include <stdio.h>
```

```
main()
{  int x, y, z ;
   x = 50; y = 500; z = 0;
   fun (x,y,z);
   printf ("x = %d,y = %d,z = %d \n", x , y , z);
}
fun (int x, int y, int z)
{  int t;
   t = x; x = y; y = t;
   x = x * x;
   y = y * y;
   z = x - y;
}
```

10. C语言中,函数值类型的定义可以缺省,此时函数值的隐含类型是________。

A) void　　B) double　　C) float　　D) int

11. 在以下对C语言的描述中,正确的是________。

A) 在C语言中调用函数时,只能将实参数的值传递给形参,形参的值不能传递给实参

B) C语言函数既可以嵌套定义又可以递归调用

C) 函数必须有返回值,否则不能使用函数

D) C语言程序中有调用关系的所有函数都必须放在同一源文件中

12. 关于函数声明,以下不正确的说法是________。

A) 如果函数定义出现在函数调用之前,可以不必加函数原型声明

B) 如果在所有函数定义之前,在函数外部已做了声明,则各个主调函数不必再做函数原型声明

C) 函数在调用之前,一定要声明函数原型,保证编译系统进行全面的调用检查

D) 标准库不需要函数原型声明

13. 以下程序的运行结果是________。

```
#include <stdio.h>
float fun(int x, int y)
{  return(x + y); }
main()
{  int a = 2, b = 5, c = 8;
   printf("%3.0f \n", fun((int)fun(a + c,b), a - c));
}
```

A) 编译出错　　B) 9　　C) 21　　D) 9.0

14. 以下程序的运行结果是________。

```
#include <stdio.h>
int fun(int x);
main()
```

```
{  int n=1, m;
   m=fun(fun(fun(n)));
   printf("%d\n", m);
}
int fun(int x)
{  return x*2;  }
```

A) 4　　B) 8　　C) 1　　D) 2

15. 设有如下函数定义

```
int fun(int k)
{  if (k<1) return 0;
   else if(k==1) return 1;
   else return fun(k-1)+1;
}
```

若执行调用语句:n=fun(3);,则函数 fun 总共被调用的次数是________。

A) 2　　B) 3　　C) 4　　D) 5

16. 以下描述中错误的是________。

A) C 语言允许函数的递归调用

B) C 语言中的 continue 语句,可以通过改变程序的结构而省略

C) 有些递归程序是不能用非递归算法实现的

D) C 语言中不允许在函数中再定义函数

17. 在 C 语言的函数定义过程中,如果函数 funA 调用了函数 funB,函数 funB 又调用了函数 funA,则________。

A) 称为函数的直接递归

B) 称为函数的间接递归

C) 称为函数的递归定义

D) C 语言中不允许这样的递归形式

18. 以下程序运行结果是________。

```
#include <stdio.h>
main()
{  int m=654 ;
   printd (m) ;
   printf ("\n") ;
}
printd (int n )
{  int i, t ;
   if ((t =n%10)!=0 )
   {  putchar (t+'0') ;
      printd (n/10) ;
   }
}
```

19. 以下程序的输出结果是________。

```
void func(char c)
{  printf("%c", c);
   if(c<'3') func(c+1);
   printf ("%c", c);
}
main()
{  func ('0');  }
```

20. 以下程序的输出结果是________。

```
#include <stdio.h>
fun(int x)
{  int p;
   if(x==0 || x==1) return(3);
   p=x-fun(x-2);
   return p;
}
main()
{  printf ("%d \n", fun(9));}
```

21. 以下正确的说法是________。

A）用户若需调用标准库函数,调用前必须重新定义

B）用户可以重新定义标准库函数,若如此,该函数将失去原有含义

C）系统根本不允许用户重新定义标准库函数

D）用户若需调用标准库函数,不必使用预编译命令,系统自动去调

22. 在一个C源程序文件中所定义的全局变量,其作用域为________。

A）由具体定义位置和extern说明来决定范围

B）所在程序的全部范围

C）所在函数的全部范围

D）所在文件的全部范围

23. 以下程序运行结果是________。

```
#include <stdio.h>
int m=13;
int fun2(int x, int y)
{  int m=3;
   return(x*y-m);
}
main()
{  int a=7, b=5;
   printf("%d\n", fun2(a,b)/m);
}
```

A) 1　　B) 2　　C) 7　　D) 10

24. 以下程序运行结果是________。

```
#include <stdio.h>
int a=3;
main()
{  int s=0;
   {  int a=5; s+=a++; }
   s+=a++;
   printf("%d\n",s);
}
```

A) 11　　B) 10　　C) 7　　D) 8

25. 以下程序运行结果是________。

```
#include <stdio.h>
int func(int a,int b);
main()
{  int k=4, m=1, p;
   p=func(k,m);
   printf("%d,", p);
   p=func(k,m);
   printf("%d\n", p);
}
func(int a,int b)
{  static int m, i=2;
   i+=m+1;
   m=i+a+b;
   return (m);
}
```

A) 8 , 17　　B) 8 , 16　　C) 8 , 20　　D) 8 , 8

26. 以下程序的运行结果是________。

```
#include <stdio.h>
int fun(int a);
int main()
{  int a=2, i;
   for (i=0; i<3; i++)
     printf("%4d", fun(a));
}
fun(int a)
{  int b=0;
   static int c=3;
```

```
    b++; c++;
    return(a+b+c);
}
```

A) 7 7 7　　B) 7 10 13

C) 7 9 11　　D) 7 8 9

27. 以下程序程序运行结果是________。

```
#include <stdio.h>
fun(int x )
{  static int a=3;
   a+=x;
   return(a);
}
main()
{  int k=2, m=1, n;
   n=fun(k);
   n=fun(m);
   printf(" %d \n ", n);
}
```

A) 3　　B) 4　　C) 6　　D) 9

28. C语言中函数的隐含存储类型是________。

A) auto　　B) static　　C) extern　　D) 无存储类别

29. 下列叙述中正确的是________。

A) C语言编译时不检查语法

B) C语言的子程序有过程和函数两种

C) C语言的函数可以嵌套定义

D) C语言没有指定存储类别的函数都是外部函数

30. 以下叙述中错误的是________。

A) 函数外声明的变量是全局变量

B) 函数内声明的变量是局部变量

C) 局部变量的生存期总是与程序运行的时间相同

D) 形式参数的生存期与所在函数被调用执行的时间相同

31. 在C语言中,以下叙述中错误的是________。

A) 函数中的自动变量可以赋初值,每调用一次赋一次初值

B) 在定义函数时,实参和对应的形参在类型上只需赋值兼容

C) 外部变量的隐含类别是自动存储类别

D) 函数形参的存储类型隐含的是自动(auto)类型的变量

32. 下面pi函数的功能是根据以下的公式计算并返回满足精度ε要求的π的值,请填空。

$$\frac{\pi}{2}=1+\frac{1}{3}+\frac{1}{3}\frac{2}{5}+\frac{1}{3}\frac{2}{5}\frac{3}{7}+\frac{1}{3}\frac{2}{5}\frac{3}{7}\frac{4}{9}+\cdots$$

```
double pi (double eps)
{  double s =0.0, t =1.0;
   int n;
   for(__(1) _______; t >eps; n++ )
   {  s +=t;
     t =n*t/(2*n+1);
   }
   return (2.0 * __(2) _______);
}
```

第6章 编译预处理

一、本章知识点

1. 不带参数的宏定义
2. 带参数的宏定义
3. 文件包含

*4. 条件编译

二、例题、答案和解析

知识点1:不带参数的宏定义

【题目1】以下程序的输出结果是________。

```
#define M 5
#define N M+M
main()
{  int k;
   k=N*N*5;
   printf("%d\n", k);
}
```

【答案】55

【解析】不带参数的宏代换是在编译之前,用宏体字符串替换程序中出现的宏名,不作语法检查、不做任何计算。注意要全部替换完再计算,切记:不可以一边替换一边计算,也不可给表达式加括号。本题先将语句 k=N*N*5;中的 N 替换为 M+M,语句为 k=M+M*M+M*5;再将其中的 N 替换为 5,语句为 k=5+5*5+5*5;答案为 55。

【题目2】以下程序的输出是________。

```
#include <stdio.h>
main()
{  printf ("%d", NULL);  }
```

A) 0　　　　B) '\0'

C) 1　　　　D) 无定义

【答案】A

【解析】NULL 是系统定义的宏,在头文件 stdio.h 中有宏定义语句 #define NULL 0。

知识点2:带参数的宏定义

【题目1】以下程序的运行结果是________。

```
#include <stdio.h>
```

```
#define S(k) 4 * (k) * k +1
main()
{  int x =5, y =2;
   printf("%d \n", S(x +y));
}
```

A) 197　　B) 143　　C) 33　　D) 28

【答案】143

【解析】带参数的宏定义,其代换过程是将宏名和参数替换为宏体,包含参数替换。代换同样是层层替换、非参数字符保留、仅做字符串替换、没有任何计算。本题中 S(x + y)替换为 4 * (x+y) * x + y +1。

知识点 3:文件包含

【题目】下面程序由两个源程序文件:t4. h 和 t4. c 组成,程序编译运行的结果是________。

t4. h 的源程序为:

```
#define N 10
#define f2(x) (x * N)
```

t4 .c 的源程序为:

```
#include <stdio.h>
#define M 8
#define f(x) ((x) * M)
#include "t4.h"
main()
{  int i, j;
   i= f(1 +1);
   j= f2(1 +1);
   printf("%d  %d\n",i,j);
}
```

【答案】16　11

【解析】本题经过文件包含预处理后的程序为:

```
#include <stdio.h>
#define M 8
#define f(x) ((x) * M)
#define N 10
#define f2(x) (x * N)
main()
{  int i, j;
   i= f(1 +1);
   j= f2(1 +1);
   printf("%d %d\n", i, j);
```

}

程序的运行结果为16　11。

三、练习题

1. 编译预处理包括：

A）文件包含，宏定义和条件编译

B）构造工程文件

C）语句注释

D）编译源程序

2. 预处理命令可能具有如下特点：

① 均以"#"开头　　② 必在程序开头

③ 后面不加分号　　④ 在真正编译前处理

预处理命令具有的特点为：

A）①②　　B）①③④　　C）①③　　D）①②③④

3. 有宏定义：

#define NUM　15

#define DNUM　NUM + NUM

则表达式 DNUM/2 + NUM * 2 的值为：

A）45　　B）67　　C）52　　D）90

4. 若程序中有宏定义行：#define N 100 则以下叙述中正确的是________。

A）宏定义行中定义了标识符 N 的值为整数 100

B）在编译程序对 C 源程序进行预处理时用 100 替换标识符 N

C）对 C 源程序进行编译时用 100 替换标识符 N

D）在运行时用 100 替换标识符 N

5. 以下程序的运行结果是________。

```
#include <stdio.h>
#define SQR(X) X * X
main()
{  int a =10, k=2, m=1;
   a/= SQR(k + m)/SQR(k + m);
   printf ("%d\n" , a);
}
```

6. 以下程序的运行结果是________。

```
#include <stdio.h>
#define SUB(a) (a)-(a)
main()
{  int a =2, b =3, c =5, d ;
   d = SUB(a + b) * c;
   printf ("%d\n", d) ;
}
```

7. 以下程序的运行结果是________。

```
#include <stdio.h>
#define SUB(X,Y) (X)*Y
main()
{  int a=3,b=4;
   printf("%d\n", SUB(a++,b++));
}
```

A) 12　　B) 15　　C) 16　　D) 20

8. 以下程序的运行结果是________。

```
#include<stdio.h>
#define  N  5
#define  M  N+1
#define f(x) (x*M)
main()
{  int i1,i2;
   i1=f(2);
   i2=f(1+1);
   printf("%d %d\n",i1,i2);
}
```

A) 12　12　　B) 11　7　　C) 11　11　　D) 12　7

9. 系统库函数在使用时,要用到________命令。

A) #include 命令　　B) #define 命令

C) #if　　D) #else

第7章 数 组

一、本章知识点

1. 一维数组的定义及使用
2. 一维数组作函数参数
3. 二维数组的定义
4. 二维数组用作函数参数
5. 字符数组的定义和初始化
6. 字符数组的使用
7. 符串和字符串结束标志
8. 字符串的整体输入与输出
9. 字符串处理函数

二、例题、答案和解析

知识点1:一维数组的定义及使用

【题目】若有说明 int a[7] = {1,2,3,4,5,6,7},则对元素的非法引用是________。

A) a[0]　　B) a[9 - 6]

C) a[4 * 2]　　D) a[2 * 3]

【答案】C

【解析】一维数组元素下标是整型表达式。数组元素的下标引用从0开始。本题对元素的非法引用是C)。因为a数组有a[0]、a[1]、…、a[6]这7个数组元素,不存在a[8]数组元素,引用错误。

知识点2:一维数组作函数参数

【题目】以下程序的运行结果是________。

```
#include <stdio.h>
fun(int b[], int n )
{  int i, r =1;
   for(i=0; i<=n; i++)
     r =r * b[i];
   return r;
}
main()
{  int x, a[] = {2,3,4,5,6,7,8,9};
   x = fun(a,3);
```

```
  printf ("%d",x);
}
```

【答案】120

【解析】数组名作为函数的实参,传递的是数组在内存的首地址,在被调函数中可以对数组的空间进行读或写。fun 函数中形参 b 是一个整型指针变量,通过参数传递得到实参 a 数组的首地址,即 b 指向 a[0]元素。在 fun 函数中通过指针 b 间接访问主函数的 a 数组,对前 4 个元素进行累乘。

知识点 3:二维数组的定义

【题目】以下正确的数组定义语句是________。

A) int a[1][4] = {1,2,3,4,5};

B) float a[3][] = {{1},{2},{3}};

C) long a[2][3] = {{1},{1,2},{1,2,3}};

D) double a[][3] = {0};

【答案】D

【解析】二维数组 a[m][n]在定义时,表明 a 数组有 m 行 n 列个数组元素。在引用数组元素时,行下标与列下标均从 0 开始。二维数组的初始化,可以按行部分赋值,若给出部分初值,则未赋值的数组元素自动为 0。注意,初始化时,初值个数不可超出数组定义时指定的个数,维数不可为变量,第二维不可空缺。A 选项初值有 5 个,而定义的数组元素个数应该是 4 个。B 选项错在第二维下标为空。C 选项数组应该为 2 行 3 列,但却初始化了 3 行,超出数组定义的行数。D 选项定义的数组为 1 行 3 列,并将 a[0][0]元素的初值赋为 0,其余元素编译器自动初值化为 0 值。

知识点 4:二维数组用作函数参数

【题目】以下程序的运行结果是________。

```
#include <stdio.h>
int sum(int a[][4])
{  int i, j, s =0;
   for(i=0; i<4; i++)
      for(j=0; j<4; j ++)
         if(i==0 || i==3 || j==0 || j==3)
            s +=a[i][j];
   return(s);
}
void main(void)
{  int a[4][4]={1,2,3,4,5,6,7,8,9,10,11,12,13,14,15,16};
   printf( "sum=%d", sum(a) );
}
```

【答案】sum = 102

【解析】同一维数组一样,数组名作为函数的实参,传递的是数组在内存的首地址。形参二维数组 a 得到实参二维数组 a 的首地址,形参二维数组 a 与主函数中二维数组 a 是同一数组。sum 函数的功能是求二维数组周边元素之和。

知识点 5：字符数组的定义和初始化

【题目】以下选项中，合法的是________。

A）char str3[] = {'d', 'e', 'b', 'u', 'g', '\0'};

B）char str4; str4 = "hello world";

C）char name[10]; name = "china";

D）char str1[5] = "pass", str2[6]; str2 = str1;

【答案】A

【解析】A 选项定义了字符数组，系统根据初值给 str3 分配了 6 个字节的存储空间，并将字符串"debug"存入该数组。B 选项错在将一个字符串在内存的首地址赋值给字符变量 str4。C 选项中的数组名 name 是数组在内存的首地址，是常量，不能被赋值。D 选项的错误理由与 C 选项相同，也是给地址常量 str2 赋值。

知识点 6：字符数组的使用

【题目】有以下程序（说明：字母 A 的 ASCII 码值是 65）：

```
#include <stdio.h>
void fun(char s[], int n)
{  int i=0;
   for(i=0; i<n; i++)
     if(s[i]%2)
          printf("%c", s[i]);
}
main()
{  char a[4]={'B','Y','T','E'};
   fun(a,4);
}
```

程序运行后的输出结果是________。

A）BY　　　B）BT　　　C）YE　　　D）YT

【答案】C

【解析】fun 函数中的 s 数组与主函数中的 a 数组是同一数组，if(s[i]%2)其中的条件若为真，表示 s[i]即字符的 ASCII 码为奇数，因此函数 fun 的功能是输出 ASCII 码为奇数的数组元素。

知识点 7：字符串和字符串结束标志

【题目 1】有以下定义：

char a[] = "abcdefg";

char b[] = {'a','b','c','d','e','f','g'};

则正确的叙述是________。

A）数组 a 和数组 b 等价

B）数组 a 和数组 b 的长度相同

C）数组 a 的长度大于数组 b 的长度

D）数组 a 的长度小于数组 b 的长度

【答案】C

【解析】a 是字符数组，初始化为字符串，系统自动加上字符串的结束标志 '\0'，系统分配 8 个字节的空间；b 是字符数组，系统分配 7 个字节的空间。所以答案为 C。

【题目 2】以下程序的运行结果是________。

```
#include <stdio.h>
main()
{  char s[] = "012xy\061\08s34f4w2";
   int i, n=0;
    for(i=0; s[i]!=0; i++)
      if(s[i] > ='0'&&s[i] <='9')
         n++;
    printf("%d\n", n);
}
```

A）0　　　B）4　　　C）7　　　D）9

【答案】B

【解析】程序的功能是统计字符串中数字字符的个数。字符串的结束标志 '\0' 的值为 0，for 语句的条件判断是 s[i]! =0，所以扫描字符串是从数组的第一个元素开始直到 '\0' 结束。在字符串"012xy\061\08s34f4w2"中，\061 是转义字符的八进制形式\ddd，\061 的 ASCII 是 49，是字符 '1'，其后\08 是两个字符，因为八进制数的每一位只能是 0 到 7，所以\08是 '\0' 和 '8' 两个字符，而遇到此 '\0'，循环即结束。循环中满足 if 语句条件的字符有 '0'、'1'、'2' 和 '\061'，所以统计结果为 4。

知识点 8：字符串的整体输入与输出

【题目】有以下程序段

```
char name[20];
int num;
scanf("name=%s num=%d", name, &num);
printf("%s ", name;);
```

当执行上述程序段，并从键盘输入name = Lili num = 1001 <回车>后，输出为________。

A）Lili　　　B）name = Lili

C）Lili num =　　　D）name = Lili num = 1001

【答案】A

【解析】字符串可以整体输入，系统将输入的字符串存放到以字符数组名为首地址开始的存储空间。scanf 语句的格式控制字符串中 name = 和 num = 是非格式控制字符，输入时要原样输入，但程序不会把它们作为变量的值，程序读入的变量值为是 Lili 和 1001。注意：name 是字符数组的首地址，在 scanf 语句中不必加取址符 &。

知识点 9：字符串处理函数

【题目】以下程序的运行结果是________。

```
#include <stdio.h>
#include <string.h>
main()
{  char str[]={"Hello,Beijing"};
   printf("%d,%d\n", strlen(str), sizeof(str));
}
```

A) 13,13　　B) 13,14

C) 13,15　　D) 14,15

【答案】B

【解析】strlen 系统库函数是求字符串的长度,sizeof 是求字符串在内存所占的字节数。字符串长度不包含\0。字符串的存储空间包含\0。

三、练习题

1. 若有定义语句:char str[] = "0";,则字符串 str 在内存中实际占________字节。

2. 若有定义语句:char s[] = "\\141\141abc\t";,则字符串的长度是________。

3. 下列定义及初始化一维数组的语句中,正确的是________。

A) int a[8] = { };　　B) int a[9] = {0,7,0,4,8};

C) int a[5] = {9,5,7,4,0,2};　　D) int a[7] =7 * 6;

4. 假定一个 int 类型变量占用两个字节, 若有定义:
int a[10] = {0,2,4};,则数组 a 在内存中所占字节数是________。

A) 3　　B) 6　　C) 10　　D) 20

5. 以下叙述中错误的是________。

A) 同一个数组中所有元素的类型相同

B) 不可以跳过前面的数组元素,给后面的元素赋初值

C) 定义语句:int a[10] = {0};,给 a 数组中所有元素赋初值 0

D) 若有定义语句:int a[4] = {1,2,3,4,5};,编译时将忽略多余的初值

6. 以下程序的输出结果是________。

```
#include <stdio.h>
main()
{  int i, k, a[10], p[3];
   k=5;
   for(i=0; i<10; i++)
     a[i]=i;
   for(i=0; i<3; i++)
     p[i]=a[i*(i+1)];
   for(i=0; i<3; i++)
     k+=p[i]*2;
   printf("%d\n", k);
}
```

A）20　　B）21　　C）22　　D）23

7. 以下程序的运行结果是________。

```
#include <stdio.h>
main()
{  int a[3][3]={{1},{2},{3}};
   int b[3][3]={1,2,3};
   printf("%d",a[1][0]+b[0][0]);
   printf("%d\n",a[0][1]+b[1][0]);
}
```

A）00　　B）2 3　　C）30　　D）1 2

8. 以下程序的运行结果是________。

```
#include <stdio.h>
int fun(int b[][3])
{  int i,j,t=0;
   for(i=0;i<3;i++)
      for(j=i;j<=i;j++)
         t+=b[i][b[j][i]];
   return t;
}
main()
{  int b[3][3]={0,1,2,0,1,2,0,1,2};
   printf("%d",fun(b));
}
```

A）3　　B）4　　C）1　　D）9

9. 以下程序的输出结果是________。

```
#include <stdio.h>
main()
{  char a[2][5]={"6937","8254"};
   int i,j,s=0;
   for(i=0;i<2;i++)
      for(j=0;a[i][j]>'0'&&a[i][j]<='9';j+=2)
         s=10*s+a[i][j]-'0';
   printf("s=%d\n",s);
}
```

A）69825　　B）6385　　C）63825　　D）693825

10. 不能正确为字符数组输入数据的是________。

A）char s[5]; scanf("%s",&s);

B）char s[5]; scanf("%s",s);

C）char s[5]; scanf("%s",&s[0]);

D）char s[5]; gets(s);

11. 若有 char a[80], b[80]; 则正确的是________。

A）puts(a, b);

B）printf("%s,%s" a[], b[]);

C）putchar(a, b);

D）puts(a);puts(b);

12. 以下程序的运行结果是________。

```
#include <stdio.h>
main()
{ char ch[3][5]={"AAAA", "BBB", "CC"};
  printf ("%s\n", ch[1]);
}
```

A）AAAA B）CC C）BBBCC D）BBB

13. 以下程序的输出结果是________。

```
#include <stdio.h>
main()
{ char a[5][10]={"one","two","three","four","five"};
  int i, j;
  char t;
  for(i=0; i<4; i++)
     for(j=i+1; j<5; j++)
        if(a[i][0]>a[j][0])
         { t=a[i][0];
           a[i][0]=a[j][0];
           a[j][0]=t;
         }
  puts(a[1]);
}
```

A）two B）fix C）fwo D）owo

14. 以下程序的输出结果是________。

```
#include <stdio.h>
#include <string.h>
main ()
{ char p1[80]="NanJing", p2[20]="Young", *p3="Olympic";
  strcpy(p1, strcat(p2,p3));
  printf("%s\n", p1);
}
```

A）NanJingYoungOlympic

B）YoungOlympic

C）Olympic

D）NanJing

15. 合法的数组定义是________。

A）int a[6] = {"string"};

B) int a[5] = {0,1,2,3,4,5};

C) char a = {"string"};

D) char a[] = {0,1,2,3,4,5};

16. 下述对 C 语言字符数组的描述中错误的是________。

A) 字符数组可以存放字符串

B) 字符数组中的字符串可以整体输入、输出

C) 可以在赋值语句中通过赋值运算符“=”对字符数组整体赋值

D) 不可以用关系运算符对字符数组中的字符串进行比较

17. 以下程序的运行结果是________。

```
#include <stdio.h>
main()
{  int arr[10], i, k=0;
   for (i=0; i<10; i++)
     arr[i]=i;
   for (i=1; i<4; i++)
     k+=arr[i]+i;
   printf ("%d\n", k);
}
```

18. 以下程序的输出结果是________。

```
#include <stdio.h>
main()
{  int i=0, j=0, k=0,
       a[3]={5,9,19}, b[5]={12,24,26,37,48}, c[10];
   while(i<3&&j<5)
     if(a[i]>b[j])
     {  c[k]=b[j];
        k++;
        j++;
     }
     else
     {  c[k]=a[i];
        k++;
        i++;
     }
   while(i<3)
   {  c[k]=a[i];
      k++;
      i++;
   }
```

```
    while(j <5)
    {  c[k]=b[j];
         k ++;
         j ++;
    }
    for(i=0; i<k; i++)
      printf("%4d", c[i]);
}
```

19. 以下程序的运行结果是________。

```
#include <stdio.h>
void fun( int a[],int n )
{  int i, j, t;
   i=0, j=n -1;
   while(i<j)
   {  t=a[i]; a[i]=a[j]; a[j]=t;
      i++;  j--;
   }
}
main()
{  int i,k,a[10]={1,2,3,4,5,6,7,8,9,10};
   fun(a,10);
   for(i=0; i<10; i++)
     printf("%d ", a[i]);
}
```

20. 以下程序的运行结果是________。

```
#include <stdio.h>
int fun(int a[], int n)
{  int i, num=0;
   for(i=0; i<n; i++)
     num=num*10 +a[i];
   return(num);
}
main()
{  int i, a[5]={4,2,8}, num;
   num=fun(a, 4);
   printf("%d ", num);
}
```

21. 以下程序的运行结果是________。

```
#include <stdio.h>
```

```
main()
{  int i, x[3][3]={1,2,3,4,5,6,7,8,9};
   for(i=0; i<3; i++)
     printf("%d", x[i][2-i]);
}
```

22. 以下程序的运行结果是________。

```
#include <stdio.h>
#define N 4
void fun (int a[][N], int b[])
{  int i;
   for (i=0; i<N; i++)
     b[i]=a[i][i]-a[i][N-1-i];
}
main()
{  int x[N][N]={{1,2,3,4},{5,6,7,8},{9,10,11,12},{13,14,15,16}};
   int y[N], i;
   fun(x, y);
   for (i=0; i<N; i++)
     printf("%d", y[i]);
}
```

23. 以下程序的输出结果是________。

函数 invert 将 str 数组的内容颠倒过来。

```
#include <stdio.h>
void invert(char str[],int n)
{  int i, k;
   for (i=0; i<n/2; i++ )
   {  k=str[i];
      str[i]=str[n-1-i] ;
      str[n-1-i]=k ;
   }
}
main()
{  char a[5]={'A','B','C','D','E'};
   int i;
   invert(a, 5);
   for(i=0; i<5; i++)
     printf("%c", a[i]);
   printf("\n");
}
```

24. 以下程序的输出结果是________。

```
#include <stdio.h>
#include <ctype.h>
#include <string.h>
void fun (char str[])
{  int i, j;
   for (i=0,j=0; str[i]; i++)
     if (isalpha(str[i]))
       str[j++]=str[i];
   str[j]='\0';
}
main()
{  char ss[80]="It is book !";
   fun(ss);
   printf("%s\n",ss);
}
```

备注:程序中 isalpha 函数的功能是检查代入的字符是否为字母,是字母返回非零整数值,否则返回0。

25. 有以下程序

```
#include <stdio.h>
#include <string.h>
main()
{  char a[10]="abc", b[10]="012", c[10]="xyz";
   strcpy(a+1, b+2);
   puts(strcat(a, c+1));
}
```

程序运行后的输出结果是________。

A) a12cyz　　B) 12yz　　C) a2yz　　D) bc2yz

26. 以下程序的功能:删除字符串中所有的'C'字符。填空使程序正确。

```
#include <stdio.h>
main()
{  int j, k;
   char a[80];
   gets(a);
   for(j=k=0; a[j]!='\0'; j++)
     if(a[j]!='c'&&a[j]!='C')
       __(1) ________;
   __(2) ________;
   printf("%s\n",a);
```

```
}
```

27. 以下程序的功能:输入4个字符串,存入数组a,找出每个字符串中的最大字符,并依次存入一维数组b中,然后输出一维数组b。填空使程序正确。

```
#include <stdio.h>
main()
{  int i, k;
   char a[4][80], b[4];
   for ( i=0; i<4; i++ )
     gets(a[i]);
   for ( i=0; i<4; i++ )
     {  __(1) _______;
        for ( k=1; a[i][k]!='\0'; k ++ )
          if (__(2) _______)
            b[i] = a[i][k];
     }
     for ( i=0; i<4; i++ )
         printf("%d  %c\n", i, b[i]);
}
```

第8章 结构体、共用体和枚举类型

一、本章知识点

1. 结构体类型的定义
2. 结构体类型变量的定义
3. 结构体类型变量及其成员的引用
4. 结构体数组
*5. 共用体类型及其变量的定义
*6. 共用体类型变量的引用
*7. 共用体数据类型的特点
8. 枚举类型及变量的定义与使用
*9. 用 typedef 定义类型

二、例题、答案和解析

知识点1:结构体类型的定义

【题目1】如果 int 是2个字节,定义以下结构体类型

```
struct s
{  int a;
   char b;
   float f;
};
```

则语句 printf("%d", sizeof(struct s))的输出结果为________。

A) 3　　B) 7　　C) 6　　D) 4

【答案】B

【解析】结构体类型是将具有相互联系的一组数据项组成一个有机的整体。一个结构体类型的变量在内存所占的存储空间是各成员之和。

【题目2】以下结构体类型的定义是否正确?

```
struct student
{  long int no;
   char name[20];
   struct date
   {  int month;
      int day;
      int year;
```

```
    }birthday;
    unsigned sex;
    float score;
};
```

【答案】正确

【解析】结构体类型可以嵌套定义。

知识点 2:结构体类型变量的定义

【题目】下面结构体的定义语句中,错误的是________。

A) struct ord { int x; int y; int z; }struct ord a;

B) struct { int x; int y; int z; } a;

C) struct ord { int x; int y; int z; } a;

D) struct ord { int x; int y; int z; }; struct ord a;

【答案】A

【解析】B 和 C 选项都是在定义结构体类型的同时定义结构体变量,其中 B 选项缺省结构体名,均正确。D 选项在结构体定义完毕,再定义结构体变量,也正确。A 选项中的第 2 个 struct ord 多余。

知识点 3:结构体类型变量及其成员的引用

【题目 1】设有定义 struct { char mark[12]; int num1; double num2;} t1, t2;,若变量均已正确赋初值,则以下语句中错误的是________。

A) t1 = t2;　　　　B) t2. num1 = t1. num1;

C) t2. mark = t1. mark;　　　　D) t2. num2 = t1. num2;

【答案】C

【解析】结构体变量成员的引用形式:结构体变量名. 成员名。结构体变量各成员进行何种运算,由其数据类型决定。相同结构体类型的结构体变量可以直接相互赋值。本题中定义的 t1,t2 是相同类型的结构体变量,可以相互赋值,A 选项正确。成员 num1 和 num2 为 int 型量,也可以做相互赋值操作,所以选项 B 和 C 均正确。而数据成员 mark 是字符数组,只能使用库函数 strcpy 实现赋值,C 选项错误,正确应为 strcpy(t2. mark, t1. mark)。

知识点 4:结构体数组

【题目】定义以下结构体数组

```
struct date { int year; int month; int day; };
struct s
{  struct date birthday;
   char name[20];
} x[4] = {{2008, 10, 1, "guangzhou"}, {2009, 12, 25, "Tianjin"}};
```

语句 printf("%s,%d",x[0]. name, x[1]. birthday. year);

的输出结果为________。

A) guangzhou,2009　　　　B) guangzhou,2008

C) Tianjin,2008　　　　D) Tianjin,2009

【答案】A

【解析】结构体成员可以是另一个结构体变量。使用时只可以引用最低一级成员,内嵌结构体成员的引用,是逐层使用成员名定位的。本题在定义 struct s 类型时同时了结构体数组 x,x 数组的每一数组元素都是同类型的结构体变量,所以 x[1].birthday.year 表明的是第二个数组元素的生日年份 2009。x[0].name 表明是第一个数组元素的姓名"guangzhou"。运行结果选 A。

***知识点 5:共用体类型及其变量的定义**

【题目】以下程序的运行结果是________。

```
#include <stdio.h>
main()
{  union aa { float x, y; char c[6]; };
   struct st
   {  union aa v;
      float b[5];
      double ave;
   }w;
   printf("%d,%d,", sizeof(w.v), sizeof(w.b));
   printf("%d,%d ", sizeof(w.ave), sizeof(w));
}
```

【答案】在 V C++6.0 环境的运行结果:8,20,8,40。

【解析】共用体类型及其变量的定义与结构体类型及其变量的定义类似。本题定义了 union aa 共用体类型和 struct st 结构体类型。sizeof 返回的是类型或变量在内存所点的字节数。结构体变量在内存中所占的字节数是其各成员之和,共用体变量在内存中所占的字节数是最长的成员长度。TC 编译器的结果为 6,20,8,34。但 V C++6.0 编译器还有一规则,要求结构体的各成员在内存按字节对齐,所以结果为 8,20,8,40。具体对齐规则本书不要求,不在此赘述。

***知识点 6:共用体类型变量的引用**

【题目】若有以下定义和语句:

```
union data { int i; char c; float f; }x;
```

则以下语句正确的是________。

A) x = 105;　　　　　　　　B) x.c = 101

C) y = x;　　　　　　　　　D) printf("%d\n",x);

【答案】B

【解析】共用体变量成员的引用形式:共用体变量名.成员名。所以 B 正确。

***知识点 7:共用体数据类型的特点**

【题目】以下程序的运行结果是________。

```
#include <stdio.h>
main()
{  union { char i[2]; int k;} stu;
```

```
    stu.i[0]='2';
    stu.k=0;
    printf("%s %d",stu.i,stu.k);
}
```

【答案】0

【解析】共用体数据类型的特点:当为一个共用体成员赋值时,其他成员的值就会被覆盖掉。共用体变量 stu 在内存占 4 个字节,它的两个成员 char i[2]和 int k 在内存的起始地址相同。执行 stu. i[0] = '2';,给变量的第 1 个字节赋了 '2' 的 ASCII 码,执行 stu. k = 0;,给变量的 4 个字节赋值 0,覆盖了前面所赋第 1 个字节的内容,所以 stu. i 第 1 个字节的值为 0,表示空串,无输出。

***知识点 8:枚举类型的定义与使用**

【题目】设有如下枚举类型定义:

enum language {Basic = 3, Assembly = 6, Ada = 100, COBOL, Fortran}; 则枚举常量 Fortran 的值是________。

A) 4　　B) 7　　C) 102　　D) 103

【答案】C

【解析】C 语言将枚举常量的值处理为整型量,编译器按定义时的顺序将枚举常量的默认值设为 0、1、2、3……在定义枚举类型时,可以指定枚举常量的值,其余没有指定值的枚举常量的值是其前一个枚举常量的值加 1。本题枚举常量 Ada = 100,所以枚举常量 COBOL 值为 101、Fortran 值为 102,答案选 C。

***知识点 10:用 typedef 定义类型**

【题目 1】若有说明:typedef struct { int a; char c;} W; 则以下叙述正确的是

A) 编译后系统为 W 分配 5 个字节

B) 编译后系统为 W 分配 6 个字节

C) 编译后系统为 W 分配 8 个字节

D) 编译后系统不为 W 分配存储空间

【答案】D

【解析】本题中 W 是数据类型,类型是抽象的概念、没有存储空间。

【题目 2】对以下定义,叙述中正确的是________。

typedef int num[12];

num stud ;

A) num 是自定义类型名,stud 是整型变量

B) num 是自定义类型名,stud 是整型数组名

C) num 是整型数组名,stud 整型变量

D) num 是整型数组名,stud 是整型数组名

【答案】B

【解析】typedef int num[12]; 定义了类型名 num,num stud ;等价于 int stud[12];。

三、练习题

1. 当定义一个结构体变量时，系统为它分配的内存空间是________。

A）结构体中一个成员所需的内存容量

B）结构体中第一个成员所需的内存容量

C）结构体成员中占用内存容量最大者所需的容量

D）结构体中各成员所需内存容量之和

2. 有以下定义

```
struct data
{   int i; char c; double d; } x;
```

以下叙述中错误的是________。

A）x 的内存地址与 x.i 的内存地址相同

B）struct data 是一个类型名

C）初始化时，可以对 x 的所有成员同时赋初值

D）成员 i、c 和 d 占用的是同一个存储空间

3. 以下程序的运行结果是________。

```
#include <stdio.h>
struct S{ int n; int a[20];};
void f(int a[], int n)
{  int i;
   for(i=0; i<n-1; i++)
      a[i] +=i;
}
main()
{  int i;
   struct S s={10,{2,3,1,6,8,7,5,4,10,9}};
   f(s.a, s.n);
   for(i=0; i<s.n; i++)
      printf ("%d,", s.a[i]);
}
```

A）2,4,3,9,12,12,11,11,18,9,

B）3,4,2,7,9,8,6,5,11,10,

C）2,3,1,6,8,7,5,4,10,9

D）1,2,3,6,8,7,5,4,10,9,

4. 以下程序的运行结果是________。

```
#include <stdio.h>
struct STU
{  char name[9];
   char sex;
```

```
    int s[2];
};
void f(struct STU a[])
{  struct STU b = {"Zhao",'m',85,90};
   a[1] = b;
}
main()
{  struct STU c[2] = {{"Qian",'f',95,92},{"Sun",'m',98,99}};
   f(c);
   printf("%s,%c,%d,%d,",c[0].name,c[0].sex,c[0].s[0],c[0].s[1]);
   printf("%s,%c,%d,%d\n",c[1].name,c[1].sex,c[1].s[0],c[1].
s[1]);
}
```

A) Zhao,m,85,90,Sun,m,98,99
B) Zhao,m,85,90,Qian,f,95,92
C) Qian,f,95,92,Sun,m,98,99
D) Qian,f,95,92,Zhao,m,85,90

5. 以下程序的运行结果是________。

```
#include <stdio.h>
struct S
{  int a, b;
}data[2] = {10,100,20,200};
main()
{  struct S p = data[1];
   printf("%d\n", ++(p.a));
}
```

A) 10　　B) 11　　C) 21　　D) 20

6. 以下程序的运行结果是________。

```
#include <stdio.h>
struct ord{ int x, y; } dt[2] = {1,2,3,4};
main()
{  printf("%d,", ++(dt[0].x));
   printf("%d\n", ++(dt[1].y));
}
```

A) 2,5　　B) 4,1　　C) 3,4　　D) 1,2

7. 以下程序的运行结果是________。

```
#include <stdio.h>
struct contry
{  int num;
```

```
    char name[20];
 }x[5] = {1, "China", 2, "USA", 3, "France", 4, "Englan", 5, "Spanish"};
main()
{  int i;
   for (i=3; i<5; i++)
     printf("%d%c", x[i].num, x[i].name[0]);
}
```

A) 3F4E5S　　B) 4E5S　　C) F4E　　D) c2U3F4E

8. 以下程序的运行结果是________。

```
#include <stdio.h>
main()
{  union
   {  unsigned int n;
      unsigned char c;
   }u1;
   u1.c = 'A';
   printf("%c ", u1.n);
}
```

A) 产生语法错　　B) 随机值　　C) A　　D) 65

9. 以下程序的运行结果是________。

```
#include <stdio.h>
union myun
{  struct {int x, y, z;} u;
   int k;
}a;
main()
{  a.u.x =4;
   a.u.y =5;
   a.u.z =6;
   a.k=8;
   printf("%d", a.u.x);
}
```

10. 以下程序的运行结果是________。

```
#include <stdio.h>
main()
{  union EXAMPLE {  struct {int x,y ;} in;
                    int a,b ;
                 } e ;
   e.a =1;
```

```
    e.b=2;
    e.in.x=e.a*e.b;
    e.in.y=e.a+e.b;
    printf("%d  %d\n", e.in.x, e.in.y);
}
```

11. 以下程序运行后输出结果是________。

```
#include <stdio.h>
enum{A, B, C=4} i;
void main()
{  int k=0;
   for(i=B; i<C; i++)
       k++;
   printf("%d", k);
}
```

12. 以下程序运行后输出结果是________。

```
#include <stdio.h>
enum color{BLACK, YELLOW, BLUE=3, GREEN, WHITE};
void main()
{  char colorname[][80]
                ={"Black","Yellow","Blue","Green","White"};
   enum color c1=GREEN, c2=BLUE;
   printf("%s", colorname[c1-c2]);
}
```

13. 以下程序运行后输出结果是________。

```
#include <stdio.h>
enum days {mon=1, tue, wed, thu, fri, sat, sun} today=tue;
void main()
{  printf("%d", (today+2)%7); }
```

14. 以下叙述中错误的是________。

A）可以用 typedef 定义的新类型名来定义变量

B）typedef 定义的新类型名必须使用大写字母,否则会出编译错误

C）用 typedef 可以为基本数据类型定义一个新名称

D）用 typedef 定义新类型的作用是用一个新的标识符来代表已存在的类型名

15. 设有语句 typedef struct TT{ char c; int a[4];} CIN; 则下面叙述中正确的是________。

A）可以用 TT 定义结构体变量　　B）TT 是 struct 类型的变量

C）可以用 CIN 定义结构体变量　　D）CIN 是 struct TT 类型的变量

16. 设有语句 typedef struct { int n; char c; double x;} STD; 则以下选项中,能正确定义结构体数组并赋初值的语句是________。

A) STD tt[2] = {{1,'A',62},{2, 'B',75}};

B) STD tt[2] = {1,"A",62},2, "B",75};

C) struct tt[2] = {{1,'A'},{2, 'B'}};

D) struct tt[2] = {{1,"A",62.5},{2, "B",75.0}};

17. 若有定义和声明

typedef enum {green, red, yellow, blue, black} color;

color flower;

则下列语句中正确的是________。

A) green = red;　　B) flower = red;　　C) color = red;　　D) enum = red;

18. 以下程序运行后输出结果是________。

```
#include <stdio.h>
#include <string.h>
typedef struct
{  char name[9];
   char sex;
   float score[2];
} STU;
void f(STU *a)
{  strcpy(a->name, "Zhao");
   a->sex = 'm';
   a->score[1] = 90.0;
}
main()
{  STU c = {"Qian",'f',95.0,92.0}, *d = &c;
   f(d);
   printf("%s,%c,%2.0f,%2.0f", d->name, c.sex, c.score[0], c.score[1]);
}
```

A) Qian,f,95,92　　B) Zhao,f,95,90

C) Zhao,m,95,90　　D) Zhao,f,95,92

第9章　指　针

一、本章知识点

1. 指针与指针变量
2. 运算符 & 和 * 及指针变量的初始化
3. 地址值的输出
4. 基本类型量做函数参数
5. 指针变量做函数参数
6. 指针和一维数组
7. 一维数组元素指针做函数参数
8. 指针和字符串

*9. 二维数组与指针

*10. 指针数组的定义和使用

*11. 使用指针数组处理多个字符串

*12. main 函数的参数

*13. 指向指针的指针

*14. 函数指针

*15. 返回指针的函数(指针函数)

二、例题、答案和解析

知识点1:指针与指针变量

【题目】以下叙述中正确的是________。

A) 即使不进行强制类型转换,在进行指针赋值运算时,指针变量的类型也可以不同

B) 如果企图通过一个空指针来访问一个存储单元,将会得到一个出错信息

C) 设变量 p 是一个指针变量,则语句 p = 0;是非法的,应该使用 p = NULL;

D) 指针变量之间不能用关系运算符进行比较

【答案】B

【解析】一个指针变量只能指向同一种数据类型的变量,即类型要一致,所以 A 不对;要使一个指针变量指向为空,可以赋值 p = 0;或 p = NULL;后一种要求#include <stdio.h>,所以 C 不对;指针变量可以用关系运算符进行比较,所以 D 是错的;在 C 语言中,空指针表示不指向任何地址空间,如果访问一个空指针,将会运行出错,答案选 B。

知识点2:运算符 & 和 * 及指针变量的初始化

【题目】以下程序段完全正确的是________。

A) `int *p; scanf("%d", &p);`

```
B) int *p; scanf("%d", p);
C) int k, *p=&k;  scanf("%d", p);
D) int k, *p; *p=&k; scanf("%d", p);
```

【答案】C

【解析】选项A、B中只定义了指针变量p,没有指向,不能用scanf语句赋值,而且A中的scanf语句的p已经是变量地址,不需要&运算符;选项D中*p=&k;此语句中的*p表示的是p指向的变量,&k表示的是k的地址,两端数据类型不一致,应该改成p=&k;选项C是对的,此处*p=&k表示定义了指针变量p,并对p初始化,p指向变量k。

知识点3:地址值的输出

【题目】如果以下程序的第一个输出结果为164,则第二个输出结果是________。

```
#include <stdio.h>
main()
{  int a[]={1,2,3,4,5,6,7},*p;
   p=a;
   printf("%x\n",p);
   printf("%x\n",p+6);
}
```

【答案】17c

【解析】第一个输出为数组a的首地址,且为十六进制数,第二个输出为a[6]元素的地址,在VC中,int类型为4个字节,所以a[6]的地址在a[0]元素的基础上加十六进制的18(十进制为24),所以第二个输出为十六进制加法:164+18,为17c。

知识点4:基本类型量做函数参数

【题目】以下程序

```
#include <stdio.h>
void fun(int a)
{  int  b=2;
   a=b; a=a*2; printf("%d,",a);
}
void main()
{  int k=3;
   fun (k);  printf("%d,%d\n", k);
}
```

则程序的输出结果是________。

A) 4,3　　B) 4,4　　C) 6,3　　D) 6,6

【答案】A

【解析】函数fun()中的形参a为动态局部变量,当函数被调用时,形参和实参的关系为单向值传递,即:实参的值传递给形参。因此形参a的初值为k的值,在函数中赋值为b的值2,并被修改为4,所以其输出为4,主函数中k的值根据形参和实参单向传值调用关系,其值不变为3,因此答案选A。

知识点5:指针变量做函数参数

【题目】以下程序

```
#include <stdio.h>
void fun(int *a)
{  int  b=2;
   a=&b; *a= *a * 2;printf("%d,", *a);
}
main()
{  int  k=3, *p=&k;
   fun(p);printf("%d,%d\n", k, *p);
}
```

则程序的输出结果是________。

A) 4,3,3　　B) 4,3,4　　C) 6,3,6　　D) 6,6,6

【答案】A

【解析】函数fun()的形参为局部指针类型,主函数中的指针变量p指向k,当调用fun()函数时,根据形参与实参的关系,实参的值传递给形参,此时形参a=p,即a也指向变量k。但是在函数fun()中,a的指向改变了,指向b,因此*a修改的是b的值为4。fun()中输出b的值4,主函数中k的值没有改变,因此输出k和*p都为3,答案为A。

知识点6:指针和一维数组

【题目】有以下程序

```
#include <stdio.h>
#include <stdlib.h>
void  fun(int *p1,int *p2,int *s )
{  int  c;
   s=&c;
   *s= *p1+ *(p2++);
}
main()
{  int  a[2]={1,2},b[2]={10,20}, *s=a;
   fun(a,b,s);  printf("%d\n", *s);
}
```

程序运行后的输出结果是________。

A) 11　　B) 10　　C) 1　　D) 2

【答案】C

【解析】主函数中的指针变量s指向数组a第一个元素a[0],此时*s的值为1,函数fun()的三个参数均为指针变量,当被调用时,把a,b和s的值分别传值给形参p1,p2和s。在函数fun中,形参s与实参s是不同的指针变量,其初始指向为指向a[0],但语句s=&c;使其指向发生变化,指向局部变量c,因此fun()函数中的*s改变的是c的值,而不能改变a[0]的值,因此,主函数中*s的值(即a[0]的值)没有被改变,输出还是为1。

知识点7:一维数组元素指针做函数参数

【题目】有以下程序

```
#include <stdio.h>
void fun( int *a, int n)
{  int i, t;
   for(i=0; i<n/2; i++) { t=a[i]; a[i]=a[n-1-i]; a[n-1-i]=t; }
}
main()
{  int a[10]={1,2,3,4,5,6,7,8,9,10},i,*p=a;
   fun(p, 5);
   for(i=2; i<8; i++) printf("%d", k[i]);
   printf("\n");
}
```

A) 321678　　B) 876543　　C) 1098765　　D) 345678

【答案】A

【解析】函数fun()的功能为对其形参a指向的数组的前n个元素逆向存放。主函数中指针变量p指向主函数中数组a的第一个元素a[0],当调用函数fun()时,其形参a也指向数组元素a[0],且对其前5个元素逆向存放。因此函数调用结束后a数组元素此时为:5,4,3,2,1,6,7,8,9,10,输出的结果为数组元素a[2]~a[7],所以输出结果为: 321678,答案为A。

知识点8:指针和字符串

【题目1】下列语句组中,正确的是 ________。

A) char *s; s="Olympic";　　B) char s[7]; s="Olympic";

C) char *s; s={"Olympic"};　　D) char s[7]; s={"Olympic"};

【答案】A

【解析】此题主要考字符数组名与字符指针变量的区别。字符数组名是指针常量,常量的值在程序中不能修改,所以选项B和D均错,选项A和C中的s是字符指针变量,可以修改其指向,C中的赋值方法是错误的,不能用"{}"号,A是对的。

【题目】以下程序的输出结果是________。

```
main()
{  char s[]="nanjing",*p;
   for(p=s; p<s+2; p++)
      puts(p);
}
```

【答案】nanjing

anjing

【解析】指针变量p指向字符数组s,第一次循环p指向s[0],输出以s[0]开始的字符串,其值为"nanjing"。第二次循环p指向s[1],输出以s[1]开始的字符串,其值为"anjing"。

***知识点9:二维数组与指针**

【题目】若有定义:

int w[3][5]; 则以下不能正确表示该数组元素的表达式是________。

A) *(&w[0][0]+1)　　B) *(*w+3)

C) *(*(w+1))　　D) *(w+1)[4]

【答案】D

【解析】此题为二维数组元素指针法的表示。选项 A 中 &w[0][0]+1 表示数组元素 w[0][1]的地址,前面加 * 表示间接访问 w[0][1]的值;选项 B 中 *w+3 表示元素w[0][3]的地址,*(*w+3)表示元素 w[0][3];选项 C 中的 *(w+1)表示 w[1][0]的地址,*(*(w+1))表示元素 w[1][0];选项 D 的表示方法是错的。

***知识点 10:指针数组的定义和使用**

【题目 1】若有以下程序段

```
main()
{  char *p[]={"bool","opk","h","sp"};
   int i;
   for(i=3; i>=0; i--, i--)
     printf("%c",*p[i]);
   printf("\n");
}
```

则程序的输出结果是________。

【答案】so

【解析】此题中的 p 是指针数组,有四个元素 p[0],p[1],p[2],p[3]分别指向四个字符串"bool","opk","h","sp",第一次循环 i=3 时,p[3]指向字符串"sp",*p[3]表示字符's';第二次循环时,i=1,p[1]指向字符串"opk",则 *p[1]表示字符'o';所以输出结果为"so"。

【题目 2】下列程序的运行结果是________。

```
main()
{  char ch[2][5]={"1345","6578"}, *p[2];
   int i, j, s=0;
   for (i=0; i<2; i++)
     p[i]=ch[i];
   for(i=0; i<2; i++)
     for (j=0; p[i][j]>'\0'&&p[i][j]<='9'; j=j+2)
       s=10*s+p[i][j]-'0';
   printf("%d\n",s);
}
```

A) 1345　　B) 6578　　C) 3558　　D) 1467

【答案】D

【解析】此题中的指针数组 p[2],其元素分别指向数组 ch 中的第一行和第二行首地址,p[i][j]的值和 ch[i][j]的值相等。此题的功能是依次取二维数组中的元素ch[0][0],ch[0][2],ch[1][0],ch[1][2]中的字符,并将其转换为对应的数字,构成一个四位数的整数,其结果为 1467。

***知识点 12:main 函数的参数**

【题目】如果以下源程序的名字为 prog. c,编译后执行以下命令:this is C program <CR>,则程序的输出结果是________。

```
#include <stdio.h>
main(int argc,char *argv[])
{  int i;
   printf("%4d ", argc);
   for (i=0; i<argc; i++)
      printf("%s", argv[i]);
   printf("\n");
}
```

【答案】5 prog. exe this is C program

【解析】main 函数的第一个参数 argc 的含义是执行文件时输入的子串的个数,包括可执行文件名,第二个参数 argv 为一个指针数组,每个元素指向输入的子串。在本题中,可执行文件名为 prog. exe,再加上输入的子串为 4,所以 argc 的值为 5;argv 的每个元素分别指向 prog. exe 和输入的 this ,is, C, program 四个子串,所以输出结果为:5 prog. exe this is C program。

***知识点 13:指向指针的指针**

【题目】若有以下程序

```
#include <stdio.h>
int  k=7;
void fun(int **s)
{  int *t=&k;
   *s=t;
   printf("%d,%d,%d,", k, *t, **s);
}
main()
{  int i=3, *p=&i, **r=&p;
   fun(r);    printf("%d,%d,%d\n", i, *p, **r);
}
```

则程序的输出结果是________。

A) 3,3,3,7,7,7　　B) 3,7,7,7,7,7

C) 7,7,7,3,3,3　　D) 7,7,7,3,7,7

【答案】D

【解析】此题中主函数中变量 r 是指针的指针,初值指向 p,而 p 又指向 i。当调用函数 fun ()时,实参 r 赋值给形参 s,此时 s 和 r 的指向相同,都指向指针变量 p,即 *s 和 p 相等,但是当执行函数 fun ()中的语句 *s=t 时,改变了 s 指向的指针 p 的指向,此时 p 的指向和函数 fun 中 t 的指向相同,都指向 k,因此 *t 和 **s 均间接访问 k,主函数中 *p 和 **r 均间接访问 k,所以答案选 D。

***知识点 14:函数指针**

【题目】已知定义“int (*max)();”,则指针 max 可以________。

A) 代表函数的返回值　　B) 指向函数的入口地址

C) 表示函数的类型　　D) 表示函数返回值的类型

【答案】B

【解析】此题中的 max 表示一个指针,是函数指针,可以指向一个函数的开始地址。

知识点 15:返回指针的函数(指针函数)

【题目】若有以下程序

```
#include <stdio.h>
int *fun(int *s, int *t)
{  int *k;
   if (*s<*t){  k=s;  s=t;  t=k;  }
   return  s;
}
main()
{  int i=3, j=5, *p=&i, *q=&j, *r;
   r=f(p,q);  printf("%d,%d,%d,%d,%d\n", i, j, *p, *q, *r);
}
```

则程序的输出结果是________。

A) 3,5,5,3,5　　　　B) 3,5,3,5,5

C) 5,3,5,3,5　　　　D) 5,3,3,5,5

【答案】B

【解析】此题中函数 fun 为返回值为指针的函数,函数 fun 功能为满足条件交换形参变量 s 和 t 的指向,由于形参和实参的关系是单向值传递,s 和 t 分别指向主函数的 i 和 j,且满足条件交换了 s 和 t 的指向,s 指向主函数的 j,并作为返回值赋值给了 r,根据形参和实参单向传值关系。函数 fun 中 s 和 t 的改变不影响实参 p 和 q,所以主函数输出的前四个值分别是 i,j,i,j 的值,r 指向 j,*r 即为 j 的值。

三、练习题

1. 假定指针变量 p 指向对象的值为 20,p+1 指向的对象值为 40,则 *p++ 的值为________。

2. 若有程序段“int a[10],*p=a,*q;q=&a[5]”,则表达式 q-p 的值为________。

3. 当数组名作函数实参时,它传递给函数的是________。

4. int *fun()说明的含义是__(1)________;int (*fun)()说明的含义是__(2)________。

5. 以下程序的功能是输入一行字符并作为字符串存放在字符数组中,然后输出。

```
main()
{  int i;
   char s[40],*p;
   for (i=0; i<39; i++)
   {  *(s+i)=getchar();
      if(s[i]=='\n') break;
```

```
    }
    __(1) _______;
    __(2) _______ ;
    while(*p) putchar(*p++);
}
```

*6. 以下程序的功能是利用插入法排序法将字符串中的字符从小到大进行排序，请填空。

```
#include <stdio.h>
void insert(char *s)
{  int i, j, t;
   for (i=1; *(s+i)!='\0'; i++)
   {  t = *(s+i);j=i-1;
      while((j>=0)&&t<*(s+j))
      {__(1) _______;
        j--;
      }
      __(2) _______;
   }
}
main()
{  char s[20]; int i;
   gets(s);insert(s);puts(s);
}
```

7. 假设数组 a 中的数据已按照从小到大排序，以下程序功能是将 a 中具有相同值的元素删的只剩一个，且以每行 4 个数据的格式输出结果数组中的元素值。例如若数组 a 的初始数据为{1,1,1,2,3,3,3,3,4,5}，则删除后 a 数组为{1,2,3,4,5}。请填空。

```
#define N 10
main()
{  int a[N], i, j, m;
   for (i=0; i<N; i++) scanf("%d",a+i);
   m=i=N-1;
   while(i>=0)
   {  if (*(a+i)==*(a+i-1))
      {  for(j=__(1) _______; j<=m; j++) *(a+j-1)=*(a+j);
         __(2) _______;
      }
      i--;
   }
   for(i=1; i<=m+1; i++)
```

```
  { printf("%4d",__(3)_______);
    if ((i)%4 ==0) printf("\n");
  }
}
```

8. 以下程序的功能是统计并输出在一个字符串(主串)中某个字符子串的出现次数,记录并输出子串在主串中每一次出现的起始下标。

```
#include <string.h>
#include <stdio.h>
int count(char *str, char *substr,int c[])
                                    /* str 为主串,substr 为子串 */
{ int i, j, k, num=0;
  for(i=0; *(str+i)!='\0'; i++)
  { j=i; k=0;
    while(substr[k]!='\0'&& __(1)_______)
                    /* 判断 str 指向的主串中是否出现 substr 指向的子串 */
      k++, j++;
    if(substr[k]=='\0')
    { c[num++]=__(2)_______;   /* 记录子串在主串中出现的起始下标 */
      i=i+strlen(substr)-1;
    }
  }
  return __(3)_______;
}
main()
{ char str[80], substr[80];
  int i, num=0, c[80];
  gets(str);
  gets(substr);
  num=count(__(4)_______);
  if(num)
  { printf("%d\n",num);
    for(i=0; i<num; i++)
      printf("%d ", c[i]);
  }
  else
  printf("%s is not a substring!\n",substr);
}
```

9. 以下程序的功能是将十进制正整数转换成十六进制。请填空。

```
#include <stdio.h>
#include <string.h>
```

```
main()
{  int a, i;
   char s[20];
   scanf("%d",&a);
   tran10_16(s,a);
   for (i=__(1) _______; i>=0; i--)putchar(*(s+i));
}
tran10_16(char *s, int b)
{  int j;
   while(b>0)
   {  j=b%16;
      if(__(2) _______) *s=j+'0';
      else *s=j-10+'A';
      b=b/16;
      s++;
   }
   __(3) _______;
}
```

10. 执行下面程序后,变量 a 的值是________。

int *p, a, b=2;

p=&a; *p=10; a=*p+b;

A) 13　　B) 12　　C) 11　　D) 编译错误

11. 有定义 char *s1;,其含义是________。

A) 分配指针空间及串空间

B) 不分配指针空间和串空间

C) 分配串空间,不分配指针空间

D) 不分配串空间,分配指针空间

12. 若有定义语句:int year=2015, *p=&year;,以下不能使变量 year 中的值增至 2016 的语句是________。

A) *p+=1;　　B) (*p)++;

C) ++(*p);　　D) *p++;

13. 下面程序的运行结果是________。

```
main()
{  int a[]={1,2,3,4,5,6,7,8,9,10},*p=a+5;
   printf("%d",*--p);
}
```

A) 4　　B) a[4]的地址　　C) 3　　D) 5

14. 有以下程序

```
#include <stdio.h>
void fun (int *p)
{  printf ("%d\n", p[5]);  }
main()
{  int a[10]={1,2,3,4,5,6,7,8,9,10};
   fun(&a[3]);
}
```

程序运行后的输出结果是________。

A) 5　　B) 6　　C) 8　　D) 9

15. 以下程序

```
#include <stdio.h>
#include <string.h>
char *a="are";
char *b="what are you doing";
main()
{  char *p;
   p=strstr(b,a)+strlen(a)+1;
   printf("%s\n",p);
}
```

运行结果是________。

A) are you doing　　B) what are you doing

C) you doing　　D) doing

16. 有以下函数：

```
int fun(char *s)
{  char *t=s;
   while(*t++);
   return(t-s);
}
```

该函数的功能是________。

A) 计算s所指字符串的长度

B) 比较两个字符串的大小

C) 计算s所指字符串占用内存字节的个数

D) 将s所指字符串复制到字符串t中

17. 以下选项中,能正确进行字符串赋值的是________。

A) char *s="ABCDE";

B) char s[5]={'A', 'B', 'C', 'D', 'E'};

C) char *s;gets(s);

D) char s[4][5]={"ABCDE"};

18. 已有声明“int a[4]={4,3,8,6}, *pa=a, i;”,以下语句中有语法错误的是________。

A) for(i=0; i<4; i++) a++;

B) for(i=0; i<4; i++) (* a) ++ ;

C) for(i=0; i<4; i++) pa ++ ;

D) for(i=0; i<4; i++) (* pa) ++ ;

19. 以下程序

```
int a[3][3] = {{2},{4},{6}};
main()
{  int i, * p = &a[0][0];
   for(i=0; i<2; i++)
   {  if(i==0)
            a[i][i+1] = * p+1;
      else ++p;
        printf("%d", * p);
   }
}
```

程序的运行结果是________。

A) 23　　　B) 26　　　C) 33　　　D) 36

20. 以下程序

```
void prtv(int * x)
{  printf("%d\n", ++ * x);}
main()
{  int a=25;
   prtv(&a);
}
```

程序输出是________。

A) 23　　　B) 24　　　C) 25　　　D) 26

*21. 以下程序:

```
main()
{  int a[] = {2,4,6,8,10}, * p, ** k;
   p = a; k= &p;
   printf("%3d", * (p++));
   printf("%3d\n", ** k);
}
```

程序输出是________。

A) 4　4　　　B) 2　2　　　C) 2　4　　　D) 4　6

*22. 语句"int(* ptr)();"的含义是________。

A) ptr 是指向函数的指针,该函数返回一个 int 型数据

B) ptr 是指向 int 型数据的指针变量

C) ptr 是指向一维数组的指针变量

D) ptr 是一个函数名,该函数的返回值是指向 int 型数据的指针

*23. 设有以下定义:

char * cc[2] = {"1234","3455"};

则正确的叙述是________。

A）cc 数组的两个元素中各自存放了字符串“1234”和“3455”的首地址

B）cc 数组的两个元素分别存放的是含有 4 个字符的一维字符数组的首地址

C）cc 指针变量,它指向含有两个数组元素的字符型一维数组

D）cc 数组元素的值分别是“1234”和“3455”

24. 有以下程序

```
#include <stdio.h>
#include <string.h>
main()
{  char a[10]="abc", *b="312", *c="xyz";
   strcpy(a+1,b+2);
   puts(strcat(a,c+1));
}
```

程序运行后的输出结果是________。

A）a12cyz　　B）12yz　　C）a2yz　　D）bc2yz

25. 以下程序运行结果是________。

```
#include <stdio.h>
int f(int *x, int *y, int z)
{  *x=*y;  *y=z; z=*x;
   return z;
}
main()
{  int a=5, b=6, c=7, d;
   d=f(&a,&b,c);
   printf("%2d%2d\n%2d%2d\n",a,b,c,d);
}
```

26. 以下程序的运行结果是________。

```
#include <stdio.h>
#include <string.h>
int fun(char *str)
{  int i, j, len;
   len=strlen(str);
   for(i=0, j=0; *(str+i); i++)
     if(*(str+i)>='A'&& *(str+i)<='Z'
      || *(str+i)>='a'&& *(str+i)<='z')
        *(str+j++)=*(str+i);
   *(str+j)='\0';
   return len-j;
}
main()
```

```
{  char s[80] = "how123are6you78";
   int n; n=fun(s);
   printf("%d\n%s\n",n,s);
}
```

*27. 以下程序的运行结果是________。

```
#include <stdio.h>
main()
{  int a[3][4] = {2,4,6,8,10,12,14,16,18,20,22,24};
   int (*p)[4]=a, i, j, k=0;
   for (i=0; i<3; i++)
      for (j=0; j<2; j++)
         k=k + *(*(p+i)+j);
   printf("%d\n",k);
}
```

28. 以下程序的运行结果是________。

```
#include <stdio.h>
int fun1(int p[], int n)
{  int i, s=0;
   for(i=0; i<n; i++)
      s +=p[i];
   return s;
}
int fun2(int *s, int n)
{  if(n==1)
       return *s;
   else
       return (*s)+fun2(s+1,n-1);
}
main()
{  int a[] = {1,2,3,4,5};
   printf("%d\n%d ", fun1(a,3), fun2(a,3));
}
```

29. 以下程序的运行结果是________。

```
#include <stdio.h>
#include <string.h>
void fun(char *w, int m)
{  char s, *p1, *p2;
   p1 =w;  p2 =w+m-1;
   while(p1<p2) { s = *p1++; *p1 = *p2; *p2-- =s; }
}
```

```
main()
{  char a[] = "123456";
   fun(a,strlen(a)); puts(a);
}
```

30. 以下程序的输出结果是________。

```
#include <stdio.h>
#define PR(ar)  printf ("%d", ar )
main()
{  int j , a[] = {1,3,5,7,9,11,13,15}, *p = a + 5 ;
   for ( j=3; j; j-- )
   {  switch (j)
      {  case 1 :
         case 2 : PR(*p ++ ) ; break ;
         case 3 : PR(* (--p)) ;
      }
   }
}
```

31. 结构体定义如下:

```
struct STD
{  char name[10];
   int age;
   char sex;
}s[5], *ps;
ps = &s[0];
```

则以下 scanf 函数调用语句中错误引用结构体变量成员的是________。

A) scanf("%s", s[0].name);　　B) scanf("%d", &s[0].age);

C) scanf("%c", &(ps->sex));　　D) scanf("%d", ps->age);

32. 以下程序的输出结果是________。

```
#include <stdio.h>
sub( int *a, int n, int k);
main()
{  int x = 0;
   sub(&x,8,1);
   printf("%d\n",x);
}
sub( int *a, int n, int k)
{  if (k <= n) sub(a, n/2, 2 * k);
   *a += k;
}
```

33. 以下程序程序运行结果是________。

```
#include <stdio.h>
int b=2;
int fun(int *k )
{  b=*k+b;
   return (b);
}
main()
{  int a[10]={1,2,3,4,5,6,7,8}, i;
   for(i=2; i<4; i++)
   {  b=fun(&a[i])+b;
      printf("%d ", b);
   }
   printf("\n");
}
```

A) 10　12　　B) 8　10　　C) 10　28　　D) 10　16

* 第 10 章　链表及其算法

一、本章知识点

*1. 存储空间的动态分配和释放
*2. 结构体及指针
*3. 链表的概念
*4. 不带头结点的链表的常用算法
*5. 带头结点的链表的常用算法

二、例题、答案和解析

* 知识点 1:存储空间的动态分配和释放

【题目】有以下程序:

```
#include <stdio.h>
#include <stdlib.h>
main()
{  int *p1,*p2,*p3;
   p1 =p2 =p3 = (int *)malloc(sizeof(int));
   *p1 =1;*p2 =2;*p3 =3;
   p1 =p2;
   printf("%d,%d,%d\n",*p1,*p2,*p3);
   free(p1);
}
```

程序运行后的输出结果是________。

A) 1,1,3　　B) 2,2,3　　C) 1,2,3　　D) 3,3,3

【答案】D

【解析】此题中 p1,p2,p3 指向动态分配的同一个空间,当对其指向的空间赋值时,以最后一个 *p3 =3 为最终指向空间的值,即 3,所以其指向的值都为 3,最后输出结果是 3,3,3。

* 知识点 2:结构体及指针

【题目】有以下程序

```
#include <stdio.h>
struct  tt
{  int x; struct tt *y; } *p;
struct tt  a[4] ={20,a +1,15,a +2,30,a +3,17,a};
main()
{  int i;
```

```
    p=a;
    for(i=1; i<=2; i++)  {printf("%d,", p->x);  p=p->y; }
}
```

程序的运行结果是________。

A) 20,30,　　B) 30,17,　　C) 15,30,　　D) 20,15,

【答案】D

【解析】此题中 p 为结构体 tt 类型的指针变量,指向 tt 类型的结构体数组 a,a 数组中的每个元素的 y 成员分别指向数组的下一个元素,最后一个元素 a[3].y 指向 a[0];p 的初值指向 a[0],p->x 为 a[0].x 即 20,下一次循环 p 指向 a[1],输出 a[1].x 的值即 15。

***知识点 3:链表的概念**

【题目】若已建立如下链表结构,指针 p、s 分别指向如图所示结点:

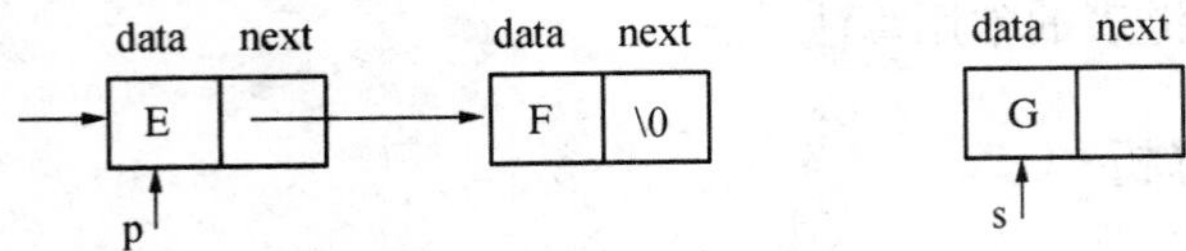

则不能将 s 所指向结点链入到链表末尾的语句组是________。

A) `p=p->next; s->next=p; p->next=s;`

B) `s->next='\0'; p=p->next;p->next=s;`

C) `p=p->next; s->next=p->next; p->next=s;`

D) `p=(*p).next; (*s).next=(*p).next; (*p).next=s;`

【答案】A

【解析】此题选项 B,C,D 都表示 p 指向下一个结点,即第 2 个结点,然后把 s 指向的结点链到链表的尾部。选项 A 表示把 s 指向的结点链到了第 2 个结点,不在链表的尾部。

***知识点 4:不带头结点的链表的常用算法**

【题目】函数 deletelist 的功能:在 head 指向的单向链表中查找是否出现多个 x 值相同的结点。如果发现存在这样的结点,则保留第一个,删除其余重复出现的结点。

```
typedef struct point /* 链表结点数据结构定义 */
{  int x;
   struct point *next;
}__(1)________;
POINT *deletelist(POINT *head)
{  POINT *p, *p1, *p2;
   p=__(2)________;
   while(p->next!=NULL)
   {  p1=p;
      p2=p->next;
      while(p2!=NULL)
      {  if(p2->x==p->x)
              {  p1->next=__(3)________;
```

```
                free(p2);
                p2 = p1 -> next;
            }
            else
            { p1 = p2;
              p2 = p2 -> next;
            }
        }
        p = __(4)________;
    }
    return head;
}
```

【答案】(1) POINT　(2)head　(3)p2 -> next　(4)p -> next

【解析】根据题意,要删除链表的重复结点,只保留第一个,必须从链表的第一个结点开始循环,deletelist()函数中的第一层循环表示访问链表所有结点,内层循环用来判断后面的结点是否当前结点重复的值,如果有就删除,直到所有的结点都被访问。在本题中 typedef 为结构体定义别名,根据给出的程序,第 1 空填写 POINT;p 指针用来循环访问链表中的所有结点,所以 p 的初值指向链表的第 1 个结点,因此第 2 空为 head;p1 的功能是在每访问一个 p 时,顺序扫描从 p 之后到链表尾部的所有结点, p2 为 p1 之后的一个结点,如果 p2 -> x = p -> x,则删除 p2 指向的结点,此时 p1 -> next = p2 -> next,所以第 3 空为 p2 -> next,第 4 空为 p -> next,表示扫描链表的下一个结点。

***知识点 5. 带头结点的链表的常用算法**

*【题目】以下函数 create_list 用来建立一个带头结点(结点包含一个字符型的数据)的单向链表,新产生的结点总是插在链表的末尾。单向链表的头指针作为函数的返回值,请填空。

```
#include <stdio.h>
struct node
{ char data;
  struct node *next;
};
struct node *create_list()
{ struct node *h, *p, *q;
  char ch;
  h = __(1)________malloc(sizeof(struct node));
  p = q = h;
  ch = getchar();
  while(ch!='?')
  {  p = (struct node *)malloc(sizeof(struct node));
     p -> data = ch;
```

```
        q->next=p;
        q=p;
        ch=getchar();
    }
    p->next='\0';
    __(2)________;
}
```

【答案】(1)(struct node *) (2)return h

【解析】本题是建立一个有头结点的单向链表,先建立头结点,然后从头结点开始,不断插入新的结点,每次插入的结点都链接到链表的尾部。程序中的 h 指向头结点,p 指向当前新加入的结点,q 指向尾结点。程序先申请一个结构体内存空间用来存放由指针 h 指向的头结点,此结点的 data 不赋值,next 用来存放下一个结点的地址,此时头结点、当前结点、尾结点均是同一个结点,然后进入循环。在循环中,每申请一个结点就链接到链表的尾部,然后新加入的结点称为新的尾结点。本题中,第 1 空用于动态申请一个结构体内存空间,用于存放头结点,因此填写(struct node *);第二空用于返回头指针,应填 return h。

三、练习题

1. 为了建立如图所示存储结果,data 为数据区,next 指向结点的指针域,请填空:

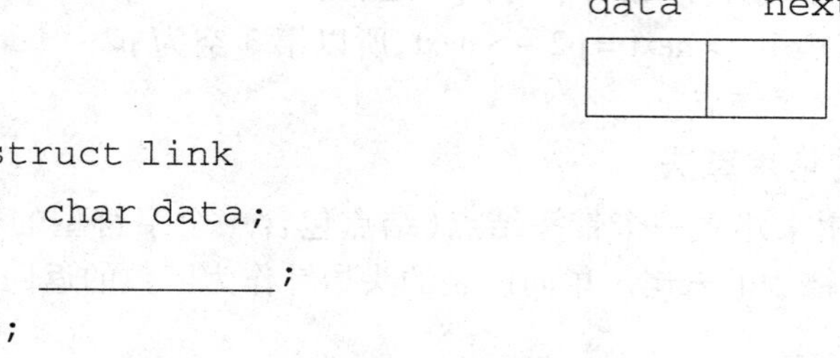


```
struct link
{  char data;
   ____________;
};
```

2. 以下函数的功能是输出链表中所有结点的数据,形参指针 h 是链表的首指针。请填空。

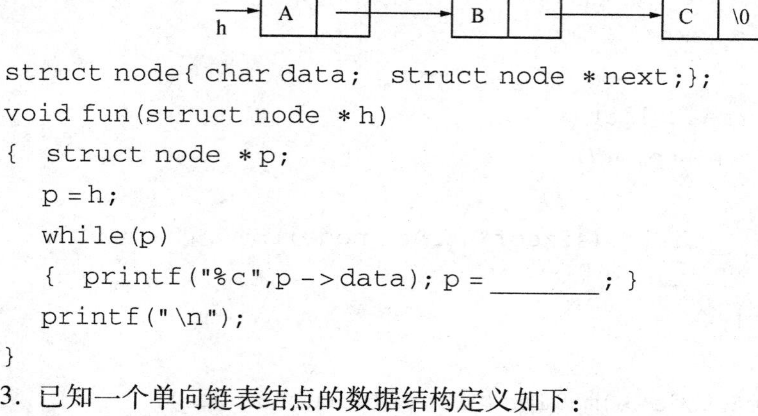


```
struct node{ char data;  struct node *next;};
void fun(struct node *h)
{  struct node *p;
   p=h;
   while(p)
   {  printf("%c",p->data); p=________; }
   printf("\n");
}
```

3. 已知一个单向链表结点的数据结构定义如下:

```
typedef struct point
```

```
{  int x;
   struct point *next;
}POINT;
```

函数 create 的功能是:找出 p 指向的单向链表中数据值只出现一次的结点,将这些结点依次复制链接到 q 链表,函数返回 q 链表首结点的地址。

```
POINT *creat(POINT *p)
{  POINT *q=NULL, *qr, *p0, *p1, *p2;  int c;
   p0 = __(1)________;     /* p0 指向 p 链表首结点 */
   while(p0 != NULL)
   {  c=0;
      p1=p;     /* p1 指向 p 链表首结点 */
      while(p1!=NULL)
      {  if(p1->x==p0->x)c++;
         p1=__(2)________;
      }
      if(c==1)
      {  /* 将 p0 指向的结点中数据复制到 p2 指向的结点,将 p2 指向的结
            点链入 q 链表 */
            p2=( POINT *)malloc(sizeof(POINT));
            p2->x=p0->x;
            if(q==NULL)     q=qr=__(3)________;
             else  {  qr->next=p2;  qr=p2;  }
      }
      p0=p0->next;
   }
   qr->next=__(4)________;
   return q;
}
```

4. 已知 head 指向单向链表的第一个结点,以下函数 del 完成从单向链表中删除值为 num 的第一个结点。

```
#include <stdlib.h>
#include <stdio.h>
struct node
{  int data;
   struct node *next;
};
struct node *del(struct node *head,int num)
{  struct node *p1,*p2;
   if(head==NULL)
```

```
    printf("\nlist null!\n");
  else
  {
    p1 = p2 = head;
    while(__(1) ________)
    {
       p2 = p1;p1 = p1 ->next;
    }
    if(num == p1 ->data)
    {  if(p1 == head)
          __(2) ________;
       else
          __(3) ________;
       free(p1);
       printf("delete:%d \n",num);
    }
    else printf("%d not been found!\n",num);
  }
  return head;
}
```

5. 有以下程序

```
#include <stdio.h>
#include <stdlib.h>
void fun(int *p1, int *p2, int *s)
{  s = (int *)malloc(sizeof(int));
   *s = *p1 + *p2;
   free(s);
}
main()
{  int a =1, b =40, *q = &a;
   fun(&a,&b,q);
   printf("%d \n", *q);
}
```

程序运行后的输出结果是________。

A) 42　　B) 0　　C) 1　　D) 41

6. 设有以下语句:

```
struct st
{   int a;
    struct st *next;
};
```

```
static struct st b[3] = {5,&a[1],7,&a[2],9,0}, *p;
p = &b[0];
```

则值为 6 的表达式是________。

A) p++->a　　　　B) p->a++

C) (*p).a++　　　　D) ++p->a

7. 假定已建立以下链表结构，且指针 p 和 q 指向如图所示的结点：

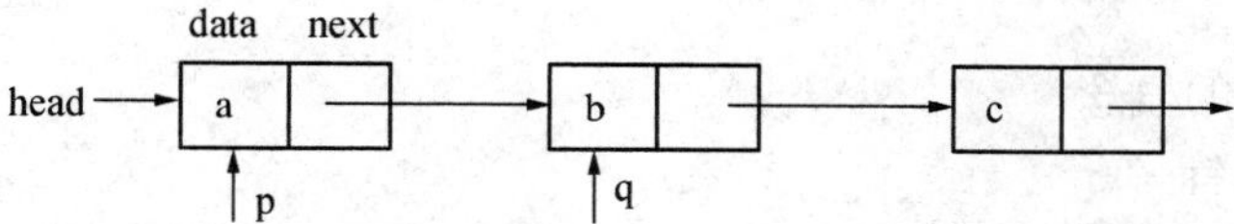

则以下选项中可将 q 所指结点从链表中删除并释放该结点的语句组是________。

A) p->next = q->next;　free(q);　　　　B) p = q->next;　free(q);

C) p = q;　free(q);　　　　D) (*p).next = (*q).next;　free(p);

8. 有以下结构体说明、变量定义和赋值语句

```
struct STD
{  char name[10];
   int  age;
   char sex;
} s[5], *ps; ps = &s[0];
```

则以下 scanf 函数调用语句有错误的是________。

A) scanf("%s",s[0].name);　　　　B) scanf("%d",&s[0].age);

C) scanf("%c",&(ps->sex));　　　　D) scanf("%d",ps->age);

第11章　数据文件的使用

一、本章知识点

1. C语言文件的概念
2. 文件类型指针
3. 文件的打开与关闭
4. fgetc函数、fputc函数和feof函数
5. fgets函数和fputs函数
6. fscanf函数和fprintf函数

*7. fread函数和fwrite函数

*8. getw函数和putw函数

*9. 文件读写位置指针的定位

*10. 文件的随机读写

二、例题、答案和解析

知识点1:C语言文件的概念

【题目】下列关于C语言文件的叙述中正确的是________。

A) 文件是由一系列数据依次排列组成,只能构成二进制文件

B) 文件是由结构序列组成,可以构成二进制文件或文本文件

C) 文件是由数据序列组成,可以构成二进制文件或文本文件

D) 文件是由字符序列组成,其类型只能是文本文件

【答案】C

【解析】C语言中,文件是由数据序列构成,可以是字符流也就是文本文件构成,也可以是二进制文件。

知识点2:文件类型指针

【题目】下面选项中关于“文件指针”概念的叙述正确的是________。

A) 文件指针是程序中用FILE定义的指针变量

B) 文件指针就是文件位置指针,表示当前读写数据的位置

C) 文件指针指向文件在计算机中的存储位置

D) 把文件指针传给fscanf函数,就可以向文本文件中写入任意的字符

【答案】A

【解析】C语言中,文件指针是一个指向FILE类型的结构体变量的指针,该结构体变量中包含了待操作文件的信息,如文件名、文件数据流的读写位置。通过文件指针可以读写与它相关联的文件,这种关联是fopen函数建立的。

知识点 3:文件的打开与关闭

【题目】有以下程序

```
#include <stdio.h>
main()
{  FILE  *f;
   f=fopen("file.txt","w");
   fprintf(f,"abc");
   fclose(f);
}
```

若文本文件 file. txt 中原有内容为:hello,则运行以上程序后,文件 file. txt 中的内容是________。

A) abclo　　B) abc　　C) helloabc　　D) abchello

【答案】B

【解析】C 语言中文件的打开方式用"w",表示只能向该文件进行写入操作。若打开的文件不存在,则以指定的文件名建立该文件;若打开的文件已经存在,则将该文件删除,重建一个新的文件。所以本题中,原有文件会被删除,建立新的同名文件,写入的内容为"abc"。

知识点 4: fgetc 函数和 fputc 函数

【题目】以下程序依次把从 f1 文件内容拷贝到 f2 文件中,则在横线处应填入的选项是________。

```
#include <stdio.h>
main()
{  FILE *fp1,*fp2;
   char ch;
   fp1=fopen("f1.dat", "r");
   fp2=fopen("f2.out", "w")
   while((ch=fgetc(fp1)) != EOF ) fputc( ________ );
   fclose(fp);
}
```

A) ch, "fname"　　B) fp, ch　　C) ch　　D) ch, fp

【答案】D

【解析】函数 fgetc ()的功能是从指定的文件中读入一个字符,该文件必须以读的方式打开,若执行 fgetc ()函数字符遇到文件结束符,函数将返回文件结束标志 EOF (-1);fputc ()的功能是把一个字符写到磁盘文件中,其调用格式为:fputc(ch,fp),其中 ch 为待输出的字符,fp 为文件指针变量。

知识点 5:gets 函数和 fputs 函数

【题目】以下程序将从键盘输入的若干行信息写到文本文件 file. txt 中,请填空。

```
#include <stdio.h>
#include <string.h>
#include <stdlib.h>
```

```
main()
{  FILE *fp;
   char fname[] = "file.txt",line[80];
   if ((fp = fopen(fname,"w")) == NULL)
   {  printf("Can't open the file\n"); exit(0);}
   while(strlen(gets(line)) >0)      /*A*/
   {  ________;
      fputs("\n", fp);
   }
   fclose(fp);
}
```

【答案】fputs(line,fp)

【解析】fgets 函数和 fputs 函数用于读写一行字符串，程序 A 行中 gets 函数从键盘中读入一行字符，输入时 <Enter> 键表示一行输入结束，但它本身不被输入；如果键盘输入非空行，则写入文件，如果输入空行则结束循环。

知识点 6：fscanf 函数和 fprintf 函数

【题目】有以下程序：

```
#include <stdio.h>
main()
{  FILE *fp;
   int a[10] = {1,2,3}, i, n;
   fp = fopen("d1.dat", "w");
   for (i=0; i<3; i++)  fprintf(fp, "%d",a[i]);
   fprintf(fp,"\n");
   fclose(fp);
   fp = fopen("d1.dat", "r");
   fscanf(fp,"%d", &n);
   fclose(fp);
   printf("%d\n", n);
}
```

程序的运行结果是________。

A) 321　　B) 12300　　C) 1　　D) 123

【答案】D

【解析】fprintf()、fscanf()函数和 print()、scanf()函数功能类似，都是格式化写、读数据，不过前者是针对磁盘文件，后者是针对显示器和键盘。在本题中，第一个 for 循环把数组的前三个数据写到到 fp 指向的文件中，形式为 123，当用读方式打开此文件时，读入的数据是 123 的整型格式，所以输出 123。

***知识点 7：fread 函数和 fwrite 函数**

【题目】有以下程序

```
#include <stdio.h>
main()
{  FILE *fp;
   int a[10]={1,2,3,0,0}, i;
   fp=fopen("d2.dat", "wb");
   fwrite(a, sizeof(int), 5, fp);
   fwrite(a, sizeof(int), 5, fp);
   fclose(fp);
   fp=fopen("d2.dat", "rb");
   fread(a, sizeof(int),10, fp);
   fclose(fp);
   for (i=0; i<10; i++)
      printf("%d,", a[i]);
}
```

程序的运行结果是________。

A) 1,2,3,0,0,0,0,0,0,0,

B) 1,2,3,1,2,3,0,0,0,0,

C) 123,0,0,0,0,123,0,0,0,0,

D) 1,2,3,0,0,1,2,3,0,0,

【答案】D

【解析】fread()和fwrite()函数用于二进制文件的读写，读数据块的一般格式为：fread(buffer,size,count,fp)；写数据块的一般格式为：fwrite(buffer, size, count, fp)；其中，buffer是一个指针，表示读入或输出数据的首地址，size表示数据块的字节数，count表示读写数据块的块数，fp表示文件指针。在本题中fwrite两次调用，其写数据到文件的首地址都是数组名，表示每次写的都是数组的开始地址，5个元素，所以数组a的前5个元素被写两次，然后通过fread读出被写到文件中的数据，所以答案选D。

***知识点8：getw函数和putw函数**

【题目】将数组的各个元素用putw输出到二进制文件中，然后从该文件读入刚写出的数据到数组b中，输出数组b的各元素值，请填空。

```
#include <stdio.h>
#include <stdlib.h>
main()
{  int i, a[]={1,2,3,4,5,6,7,8}, b[8];
   FILE *fp;
   if ((fp=fopen("data.dat","wb"))==NULL)
   {  printf("Can't open data.dat!\n"); exit(1);}
   for (i=0; i<8; i++)
      __(1)________;
   fclose(fp);
   if ((fp=fopen("data.dat","rb"))==NULL)
```

```
    {  printf("Can't open data.dat!\n"); exit(2);}
    for (i=0; i<8; i++)
      __(2) ________;
    fclose(fp);
    for (i=0;i<8;i++)
      printf("%3d",b[i]);
  }
```

【答案】(1) putw(a[i],fp) 或 fwrite((char *)&a[i],sizeof(int),1,fp);(2) b[i] = getw(fp) 或 fread((char *)&b[i],sizeof(int),1,fp)。

【解析】getw(FILE *fp)函数的功能是从 fp 指定的二进制文件中读入一个整数,作为函数的返回值;putw(int w,FILE *fp)函数的功能是将一个整数写到文件指定的二进制文件中。此题中,第一空表示把数组元素内存写到二进制文件中;第二空一次将整数的内存映像读入到数组 b 中,也可以分别用 fwrite() 和 fread()函数实现。

***知识点9:文件读写位置指针的定位**

【题目】有以下程序

```
#include <stdio.h>
main()
{  FILE *fp;
   int i, a[6]={1,2,3,4,5,6}, k;
   fp=fopen("data.dat", "wb+");
   for (i=0; i<6; i++)
   {  fseek(fp, 0L, 0);
      fwrite(&a[5-i], sizeof(int), 1, fp);
   }
   rewind(fp);
   fread(&k, sizeof(int), 1, fp);
   fclose(fp);
   printf("%d", k);
}
```

则程序的输出结果是________。

A) 6　　B) 1　　C) 123456　　D) 21

【答案】B

【解析】移动文件内部位置指针函数 rewind() 和 fseek()函数,rewind 函数的一般格式为:rewind(文件指针),其功能是把文件内部的位置指针移到文件首;fseek 函数用来移动文件内部位置指针,其一般格式为:fseek(文件指针,位移量,起始点),其中位移量表示移动的字节数,起始点表示从何处开始计算位移量,规定文件的起始点有 3 个:文件首、当前位置和文件尾部,分别用0,1,2 表示,其对应的符号常量为:SEEK_SET,SEEK_CUR 和 SEEK_END。在本题中,每次循环都调用 fseek(fp,0L,0),每次写数据前,把文件定位指针移动到文件的首部,然后再写文件,每次写数组的一个元素,其含义为:每次写数据时,覆盖前一次写的结果,所以文件最后一次写的数据为文件内容,即 a[0]。

***知识点10:文件的随机读写**

【题目】以下程序的功能是:从二进制文件 file.dat 中先后读出第六条记录和第一条记录,并把记录信息显示在屏幕上,请填空。

```
#include <stdio.h>
#include <stdlib.h>
main()
{  struct student
   {  char name[20];
      int age;
      char sex;
   } stud;
   FILE *fp;
   __(1)________;
   if((fp=fopen("file.dat","rb"))==NULL)
   {  printf("cannot open file1 \n");exit(1);
   }
   fread(&stud,sizeof(struct student),1,fp);
   printf("\nThe sixth record;%s,%d,%c", stud.name, stud.age,
   stud.sex);
   __(2)________;
   fread(&stud,sizeof(struct student),1,fp);
   printf("\nThe first record;%s,%d,%c",stud.name, stud.age,
   stud.sex);
   fclose(fp);
}
```

【答案】(1) fseek(fp,5 * sizeof(struct student),SEEK_SET)

(2) rewind(fp)

【解析】程序中用"rb"的方式打开文件,用读数据块的方式读入数据,由于先读第六条记录,再读第一条记录,因此采用随机读取的方式,必须对文件精确定位。本题两个空都是对文件定位,第一个空定位第六条记录,因此填入 fseek(fp,5 * sizeof(struct student),SEEK_SET);其中 SEEK_SET 可以写成 0,sizeof(struct student)可以换成 sizeof(stud),因为第二空定为第一条记录,因此第二空可以填 fseek(fp,0L,SEEK_SET)或 rewind(fp)。

三、练习题

1. 以下程序首先由键盘输入一个文件名,然后把从键盘输入的字符依次存放到该文件中,用“#”作为结束输入的标志,请填空。

```
#include <stdio.h>
main()
```

```
{  FILE *fp;
   char ch, fname[20];
   printf("Input the name of fine\n");
   gets(fname);
   if ((fp=__(1)________) ==NULL)
   {
      printf("Can't open the file\n"); exit(0);
   }
   printf("Enter data\n");
   while((ch=getchar())!='#')
      fputc(__(2)________, fp);
   fclose(fp);
}
```

2. 若执行 fopen 函数发生错误,则函数的返回值是________。

A) 地址值　　B) 1　　C) EOF　　D) NULL

3. 当执行 fclose 函数时,如果执行成功,则其返回值________。

A) 1　　B) 0　　C) -1　　D) True

4. 设文件指针 fp 已定义,执行语句 fp = fopen("file","w");后,以下针对文本文件 file 操作叙述的选项中正确的是 ________。

A) 只能写不能读　　B) 写操作结束后可以从头开始读

C) 可以在原有内容后追加写　　D) 可以随意读和写

5. 以下叙述中错误的是________。

A) gets 函数用于从终端读入字符串

B) getchar 函数用于从磁盘文件读入字符

C) fputs 函数用于把字符串输出到文件

D) fwrite 函数用于以二进制形式输出数据到文件

6. 有以下程序

```
#include <stdio.h>
main()
{  FILE *pf;
   char *s1="China", *s2="Beijing";
   pf=fopen("abc.dat","wb+");
   fwrite(s2,7,1,pf);
   rewind(pf);
   fwrite(s1,5,1,pf);
   fclose(pf);
}
```

以上程序执行后,abc.dat 文件的内容是________。

A) China　　B) Chinang　　C) ChinaBeijing　　D) BeijingChina

第三部分

C 语言课程设计

课程设计总体要求

一、设计总时数为 16 小时

二、题目选择及完成要求

三个题目供选择

1. 简单数学问题
2. 电话簿管理系统（难度等级 A）
3. 图书管理系统

每个题目的实现所采用的数据结构不同，难度等级也不同，同学可任选其中一题进行设计。在设计时，请参照已实现的可执行程序的用户界面和程序功能。教师会共享可执行程序给学生。

同学必须首先完成后续给出的"菜单设计练习"，然后进入正式的设计与编程工作。仿照给出的程序，完成自己的菜单及主控程序的设计。

按照任课教师要求，可以一个同学独立完成，亦可几个同学一组合作完成。

难度等级和得分说明：课程设计总分为 100 分。第 1 题难度为 B，正确完成题目列出的功能可得 80 分。第 2，3 题难度等级均为 A，正确完成题目列出的基本功能可得 90 分；在此基础上，增加新功能可得 100 分。

三、课程设计报告要求

请按照教师指定的方法提交课设报告，报告内容可参考下述几点：

1. 给出程序的总体功能，以及各选项的功能。
2. 如有新增加的功能，应给出所增加功能的设计说明。
3. 给出程序使用的主要数据结构。
4. 给出从 main 函数开始的函数之间的调用关系图。
5. 精选 2～3 个主要算法，给出算法的实现流程图，如排序算法、插入算法等。
6. 提供有注释的源程序。要求注释清楚函数的功能、函数参数及返回值的含义。
7. 提供典型测试数据组，含输入数据与输出结果。不允许拷贝执行结果窗口，只能是文字的输入输出结果。
8. 若多个同学合作完成课设，课设报告也必须每个同学独立提交，并在课设报告中注明同组成员。

四、课程设计考核

按照教师指定的方法考核，可能有以下几种方式：

1. 采用上机考试的方式，教师随机选择课设中的部分函数构成完整程序进行上机编程考试。

2. 采用面试方法对每位同学的课程设计进行考核,面试时对课程设计程序中的任何部分都可能提问,或要求同学现场修改程序。

五、其他提示

1. 课设报告 Word 版编辑格式

若需要提交课设纸质报告,为节省纸张,编辑格式可设置成“横向页面”;“页边距为:上1.5 厘米,下 1.5 厘米,左 2 厘米,右 1 厘米,装订线 0 厘米,页眉 1 厘米,页角 1 厘米”;全篇文章采用“小五号字”,分两栏;段落格式中的行距设置为:“固定值 12 磅”。

2. system ()系统库函数的使用提示,应包含头文件“stdlib. h”

system("cls");　　功能:清屏

system("pause");　功能:暂停程序执行,按任意键后继续执行

菜单设计练习

一、菜单内容

1. Function1
2. Function2
3. Function3
0. Goodbye!

Input 1 -3,0:

二、菜单设计要求

用数字 1 ~3 来选择菜单项,用数字 0 来退出程序的执行,其他输入不起作用。

三、菜单实现程序清单

```
#include <stdio.h>
#include <stdlib.h>
#include <ctype.h>
int menu_select();
main()
{
   for(;;)
   {
     switch(menu_select())
     {
       case 1:
          printf("Function1 \n"); /* 可替换此行为处理函数的调用 */
```

```
            system("pause");
            break;
        case 2:
            printf("Function2 \n"); /* 可替换此行为处理函数的调用 */
            system("pause");
            break;
        case 3:
            printf("Function3 \n"); /* 可替换此行为处理函数的调用 */
            system("pause");
            break;
        case 0:
            printf("Goodbye!\n");
            system("pause");
            exit(0);
      }
   }
}
int menu_select()
{
    char c;
    do {
        system("cls"); /* 清屏 */
        printf("1. Function1 \n");
        printf("2. Function2 \n");
        printf("3. Function3 \n");
        printf("0. Goodbye!\n");
        printf("Input 1-3,0: ");
        c=getchar();
    } while(c<'0' || c>'3');
    return(c-'0');
}
```

选题一:简单数学问题(难度等级 B)

一、程序功能简介:

实现多个简单数学问题的求解。

二、课程设计要求:

(1) 菜单内容

1. FindNum

2. FindRoot

3. Detective

4. Monkey

5. Diamond

6. Calculator

0. Goodbye!

Input 1 -6,0:

(2) 与菜单项对应的功能设计及函数原型

1. FindNum

函数原型:void FindNum ();

一只老鼠咬坏了账本,公式中的符号□代表被老鼠咬掉的地方。要想恢复下面的等式,应在□中填上哪个相同的数字?

3□ * 6237 = □3 * 3564

提示:使用穷举法找到该数字。

2. FindRoot

函数原型:void FindRoot ();

要求编制一个求方程 ax2 + bx + c = 0 的根的程序。一次可以求解多个方程的根,采用循环结构,当次循环输入一个方程的系数 a、b 和 c,输出求出的根。求解时考虑四种情况:① 系数 a 为 0,不是二次方程。② 方程有两个不同的实根。③ 方程有两个相同的实根。④ 方程有两个虚根。

3. Detective

函数原型:void Detective ();

这是一道侦探题。一辆汽车撞人后逃跑。4 个目击者提供如下线索:

甲:牌照三、四位相同; 乙:牌号为 31XXXX;

丙:牌照五、六位相同; 丁:三 ~ 六位是一个整数的平方。

为了从这些线索中求出牌照号码,只要求出后四位再加上 310000 即可。这四位又是前两位相同,后两位也相同,互相又不相同并且是某个整数的平方的数。可以仍然使用穷举法,利用计算机的计算速度快的特点,把所有可能的数都试探一下,从中找出符合条件的数。

对于后面的 4 位数,因为 1000 的平方根 >31,所以穷举实验时不需从 1 开始,而是从 31 开始寻找一个整数的平方。

4. Monkey

函数原型:void Monkey ();

猴子吃桃问题。猴子第一天摘下若干个桃子,当即吃了一半,还不过瘾,又多吃了一个。第二天早上又将剩下的桃子吃掉一半,又多吃一个。以后每天早上都吃了前一天剩下的一半零一个。到了第 10 天早上再吃时,就只剩一个桃子了。求第一天共摘多少桃子。

这里可以采用递推算法,设第 10 天的桃子数是 x = 1,则第九天的桃子数为(x + 1) * 2。共递推 9 次就可以得到第 1 天猴子所摘桃子数。

我们将问题拓展为,第 n 天的桃子数为 1,求第一天共摘了多少桃子。

5. Diamond

函数原型 1:void Diamond ( ); /* 此函数调用 Print_Diamond ( ) 函数 */

函数原型 2:void Print_Diamond(int lines);/* 输出 lines 行钻石图形 */

本题要求编制打印以下图案的程序,要求任意输入行数(必须为奇数),图案被打印在屏幕的中心。例如行数为 7 的钻石图案如下:

```
      *
    * * *
  * * * * *
* * * * * * *
  * * * * *
    * * *
      *
```

算法提示:通过观察图案组成的特点,可以把它分成两个部分:上面 4 行和下面 3 行,上面按行数递增,下面部分按行数递减。欲将图案输出在屏幕中心,通过计算可知每一行的左边应该有多少空格。在此基础上,对图案的上半部分第 i 行(i = 1,2,3,4),先输出 i 个空格,然后输出 2i - 1 个星号 * 。下半部分如何输出,请自行思考。

6. Calculator

函数原型:void Calculator ( );

请实现一个简单计算器。实现两个整数简单的加减乘除四则运算(假定除法为整除)。输入数据在文件 express. txt 中,计算结果写入另一个文件 result. txt,内容如下图所示:

express. txt	result. txt
1 + 2	1 + 2 = 3
3 - 6	3 - 6 = - 3
4 * 9	4 * 9 = 36
9/2	9/2 = 4

算法提示:打开数据文件 express. txt,按顺序依次读入每行表达式中的两个运算量和一个运算符,根据运算符确定执行的是哪一种运算,计算后将结果在屏幕上显示,同时写入结果数据文件 result. txt。

7. Goodbye!

结束程序运行。

选题二:电话簿管理系统(难度等级A)

一、程序功能

电话簿管理系统要求实现一个电话簿系统的基本管理功能,包括添加、删除、查找和导入/导出等。电话簿记录项的格式即基本属性包括编号、姓名、联系电话、电子邮件地址等。本系统,目前仅考虑英文姓名数据输入,不支持中文。

功能要求:

1. 创建:创建电话簿;
2. 显示:分屏显示电话簿中的所有记录;
3. 插入:向电话簿中插入一条记录。
4. 删除:删除一条已经存在的记录项;
5. 查找:根据用户输入的属性值查找符合条件的记录项;
6. 导入/导出:可以从文件读入已有的电话簿,也可将通讯录信息导出到文件。

```
1. Create list
2. Display All Recorde
3. Insert a Record
4. Delete a Record
5. Query
6. Add Records from a Text File
7. Write to a Text File
0. Quit
Give your choice (0 -7)
```

构建如图菜单系统,程序执行过程为:循环显示主菜单,用户在Give your Choice:处输入选项,即按照功能列表输入0~7中的任意一个数字,按回车后,执行相应的功能。功能执行完毕,返回菜单。

各菜单项功能如下:

(1) Create List(建立有序单向链表)

从键盘上一次输入一条电话簿记录(编号、姓名、电话号码和电子邮件地址地址,以"编号"为序建立有序链表。插入一条记录后,显示提示信息:确认是否输入下一条记录,如确认,继续输入,否则,退出输入功能。

(2) Display All Record(显示所有结点记录)

按顺序显示链表中所有记录,每屏显示10条记录,按<Enter>键继续显示下一屏。

(3) Insert a Record (插入一条结点记录)

在以"编号"为序排列的链表中插入一条记录,插入后,链表仍有序。输出插入成功的信息。

(4) Delete a Record(按"编号"查找,找到后删除该条结点记录)

输入待删除记录的“编号”，显示提示信息，让用户再次确认是否要删除。确认后，将该“编号”的记录删除。

(5) Query(查找并显示一个结点记录)

输入“编号”，查找该记录，找到后显示记录信息。

(6) Add Records from a Text File (从正文文件中添加数据到链表中)

用户可事前建立一个正文文件 data. txt，存放多个待加入的记录。提示输入正文文件的文件名，然后从该文件中一次性加入多条电话簿记录。文件 data. txt 格式如下：

```
2
100    LiuTao     88489010    liutao@nuaa.edu.cn
101    WangBin    88489762    wangbin@nuaa.edu.cn
```

注意：该文件中第一行的数字表示待添加的记录数，下面每行为电话簿记录。

(7) Write to a Text File

将电话簿中的全部记录写入文件 records. txt，要求文件格式和文件 data. txt 相同。

(0) Quit(退出电话簿管理系统程序)

释放链表存储空间。

二、本题基本实现要求

完成本项全部要求，得 90 分。

1. 数据结构：

用单向链表实现电话簿的记录和管理，每一个结点存放一条记录。结点结构如下：

```
struct telebook
{   char num[4];              /* 编号 */
    char name[10];            /* 姓名 */
    char phonenum[15];        /* 电话号码 */
    char email[20];           /* 电子邮件地址 */
    struct telebook *next;    /* 下一结点指针 */
};
typedef struct telebook TeleBook;
```

2. 各函数功能

以下函数原型说明中出现的函数为本题的基本要求。请不要更改函数原型，以下序号为菜单序号。

(1) 建立有序链表

TeleBook *Create();

从键盘输入若干条记录，调用 Insert 函数建立以“编号”为序的单向链表，返回链表头指针。

(2) 输出链表数据

void Display(TeleBook *head); 显示所有电话簿记录，每 10 个暂停一下

(3) 结点的有序插入

TeleBook ＊Insert(TeleBook ＊head, TeleBook ＊s);按“编号”为序插入记录 s,返回链表头指针。

TeleBook ＊Insert_a_record(TeleBook ＊head);

输入待插入的编号、姓名、联系电话、电子邮件地址等信息,调用 Insert 函数按“编号”做有序插入,输出插入成功信息,返回链表头指针。

(4) 结点删除

TeleBook ＊Delete(TeleBook ＊head, char ＊num);

删除“编号”为 num 的记录,返回链表头指针。

TeleBook ＊Delete_a_record(TeleBook ＊head);

输入待删除的“编号”,经确认后调用 Delete 函数删除该“编号”的记录,输出删除成功与否的信息。返回链表头指针。

(5) 结点数据查询

TeleBook ＊Query(TeleBook ＊head, char ＊num);

查找“编号”为 num 的记录,查找成功返回该结点地址;否则,返回空指针。

void Query_a_record(TeleBook ＊head);

输入待查找的“编号”,调用 Query 函数查找该“编号”的记录,输出查找成功与否的信息和结点信息。

(6) 从文件中整批输入数据

TeleBook ＊AddfromText(TeleBook ＊head, char ＊filename);

从文件 filename 添加一批记录到链表中,调用 Insert()函数作有序插入,返回链表头指针。

(7) 将链表结点记录写入到文件中

void WritetoText(TeleBook ＊head, char ＊filename);

将链表中的结点记录全部写入文件 records. txt。

(0) 退出管理系统

void Quit(TeleBook ＊head);

退出系统时,释放动态存储空间。

其他函数

void Display_Main_Menu(); 显示主菜单

实验过程中可以根据需要适当增加函数,以使程序算法更清晰明了。

三、本题附加实现要求

完成本项要求,加 10 分。

1. 新增菜单功能:(以下序号为菜单序号)

(8) Reverse List

将链表中的所有结点逆序存放。

(9) Delete the Same Record

删除姓名、电话、电子邮件地址均相同的记录。

2. 新增函数功能:(以下序号为菜单序号)

(8) 链表逆序存放

TeleBook * Reverse(TeleBook *); 按姓名序逆序存放链表,函数返回链表头指针

(9) 删除雷同记录

TeleBook * DeleteSame(TeleBook *); 删除链表中姓名、电话、电子邮件地址均相同的记录,函数返回链表头指针

四、程序运行界面

The telephone - book Management System

Menu
1 input record 2 display record 3 delete record 4 search record 5 modify record 6 insert record 7 sort record 8 save record 0 quit system

Please enter your choice(0 ~ 8):

选题三:图书管理系统(难度等级 A)

一、系统功能

图书管理系统要求实现图书管理的基本功能,包括图书的录入、删除、查找和导入/导出等。图书的属性包括书号、书名、第一作者、版次、出版年等信息。

功能要求:

1. 创建:创建所有图书;
2. 显示:分屏显示系统中所有图书信息;
3. 插入:插入一条图书记录到图书系统中;
4. 删除:删除一条已经存在的图书记录;
5. 查找:根据用户输入的属性值查找符合条件的图书;
6. 输入/输出:可以从文件中批量导入导出已有的图书信息,也可以将系统中的图书信息输出到文件中;

程序执行过程:循环显示主菜单,用户在 Give your choice:输入选项,即按照功能列表输入数字 0 ~ 8 中的任意数字,按回车后,执行相应的功能。请参照前面的"菜单设计练习"的要求建立下页图所示程序运行主界面。

二、菜单功能

1. Input Records(输入若干条记录)

从键盘一次输入一本书的信息,存放到结构体数组中,然后显示. 提示信息:确认是否输入下一条记录。

2. Display All Records(显示所有记录)

按顺序显示所有记录,每屏显示10条记录。每显示10条记录,按 <Enter> 键继续显示下一屏。

```
1. Input records
2. Display All Records
3. Delete a Record
4. Sort
5. Insert a Record
6. Query
7. Add Records from a Text File

8. Write to a Text File
0. Quit
Give your choice:
```

3. Delete a Record(按书名查找,删除一本书)

输入待删除书的书名,显示该书名的所有书目,提示输入待删除书目的书号,提示是否确认删除,确认后,删除该书。

4. Sort(排序)

以书名为升序排列数组。

5. Insert a Record(插入一条记录)

以书名为序排列的数组中插入一条记录,插入后,数组仍然有序。输出插入成功后的信息。

6. Query(查找并显示一个记录)

输入书名,查找并显示包含该书名的所有图书信息。

7. Add Records from a Text File(从文件中读入图书信息到结构体数组中)

用户可事先建立一个文本文件 Dictory. txt,存放所有图书信息,文件格式如下:

```
2
1182    高等数学    刘浩荣  第五版  同济大学出版社  2013
7300    物理化学    王明德  第2版   化学工业出版社  2015
```

其中,第一行的2为文件中图书的记录数,第二、三行为图书详细信息。

8. Write to a Text File

将数组中的全部记录写入文件 Records. txt 中,要求文件格式与 Dictory. txt 相同。

0. Quit(退出图书管理程序)

三、本课设基本要求

1. 数据结构

用结构体数组实现图书信息的记录和管理。每个数组元素为一个结构体变量,其结构如下:

```
typedef struct
{  char ISBN[10];          //书号
   char book [30];         //书名
   char author[20];        //作者
   int edition;            //版本号
   char press[50];         //出版社名
   int  year;              //出版年
} Bookinfo;
```

在主函数中定义结构体数组 Bookinfo books[NUM];用作记录存储,也可采用动态数组实现。

2. 各函数功能

以下函数原型说明中出现的函数为本课程设计的基本要求。请不要随便更改函数原型。

(1) 数据输入

int Input(Bookinfo dictList[],int n);从键盘输入若干条记录,依次存放到结构体数组 dictList 中,n 为数组原有记录数,函数返回最后的记录数。

(2) 输出数据

void Display(Bookinfo dictList[],int n);显示所有图书信息,每 10 个暂停一次,n 为数组元素个数。

(3) 删除记录

int Delete(Bookinfo dictList[],int n,char *book);删除书名为 book 的第一条图书记录,返回数组中的记录数。

int Delete_a_record(Bookinfo dictList[],int n);输入待删除的书名,经确认后调用 Delete 函数,同时列出同一书名的所有书目,输入待输出书目的书号,提示是否删除,确认后,输出删除成功与否的信息,返回数组中的记录数。

(4) 排序

void Sort_by_name(Bookinfo dictList[],int n);数组按书名升序排列。

(5) 有序插入

int Insert(Bookinfo dictList[],int n, Dictionary *s);按书名序插入记录 s,返回记录个数。

int Insert_a_record(Bookinfo dictList[],int n);输入待插入的图书书号、书名、作者、版本号、出版社名、出版年等图书信息,调用 Insert 函数按书名作有序插入,输出插入成功信息,返回记录个数。

(6) 查询数据

int Query(Bookinfo dictList[ ],int n, Bookinfo *book);查找并显示书名为 book 的所有记录,查找成功返回该书名记录个数,否则返回 -1。

void Query_a_record(Bookinfo dictList[ ],int n);输入待查找的书名,调用 Query 函数查找该书的记录,输出查找成功与否的信息和该书名的所有记录。

(7) 从文件中整批输入数据

int AddfromText(Bookinfo dictList[ ],int n, char *filename);从文件 filename 添加一批记录到数组中,调用 Insert ()函数作有序插入,返回添加记录后的新记录数。

(8) 将记录写到文件

void WritetoText(Bookinfo dictList[ ],int n, char *filename);将数组中的记录全部写入文件 filename 中。

其他函数:void Display_main_menu ();显示主菜单。实验过程中,可以根据需要适当增加函数。

第四部分

笔试样卷及答案

笔试样卷

一、选择题(单选题,每小题2分,共15题,30分)

1. 在C语言中,以下选项中不合法或不正确的常量是________。

A) '\x87'　　B) "87"　　C) '\87'　　D) 0x87

2. 若有如下定义: int a =3; float b =4.5,c =5; 则以下赋值语句正确的是________。

A) a = b% c;　　B) b = a + c = a;

C) a = b = b + c;　　D) b = (c = a + b,a)

3. 若有如下定义:int a =3,则执行完表达式 a * = a += a ++ 后的值是________。

A) 18　　B) 36　　C) 49　　D) 64

4. 如 int x =1,y =0,z =1,w; 则执行表达式 w = x ++ && ++y || ++z 后,x,y,z 的值分别为________。

A) x =1,y =1,z =2　　B) x =2,y =1,z =2

C) x =1,y =1,z =1　　D) x =2,y =1,z =1

5. 若有如下定义:char str[80], * p = str;则下列正确输入字符串的是________。

A) scanf("%s",&str);　　B) scanf("%c",&str[0]);

C) scanf("%c", str);　　D) scanf("%s",p);

6. 若有下列程序,则输出的结果为________。

```
main()
{  int i;
   for(i=1;i<=4; i++)
   {  if (i%2)
      {  printf("* "); continue; }
      else
         printf("#");
   }
   printf("#");
}
```

A) *#*##　　B) #*#*#　　C) * *#　　D) ###

7. 若有下列程序,则输出的结果为________。

```
int b =5;
main()
{  int a =4, b =3,c;
   printf("%d\n",c =++a +b);
}
```

A) 9　　B) 10　　C) 7　　D) 8

8. 若有如下程序,则输入的结果是________。

```
int function(int a)
{  static int b=2;
   b=b+a;
   return b;
}
main ()
{  int k=2,m;
   m=function (k);
   printf("%d  ",m);
   m=function (k);
   printf("%d  ",m);
}
```

A) 4　4　　B) 4　6　　C) 2　4　　D) 2　6

9. 若有如下程序,则程序运行后的结果是________。

```
main()
{  int x=042;
   printf("%d\n",++x);
}
```

A) 34　　B) 35　　C) 42　　D) 43

10. 若有如下程序段,则输出的结果是________。

```
char str[]="xyz\n\t\\\0abc";
printf("%d\n",strlen(str));
```

A) 6　　B) 9　　C) 10　　D) 14

11. 若有下列程序,则输出的结果是________。

```
main()
{  int a=1,b=1,c=2;
   switch (a)
   {
   case 0:b++;c++;
   case 1:b++;c++;
   case 2:b++;break;
   case 3:c++;
   default:break;
   }
   printf("b=%d,c=%d\n",b,c);
}
```

A) b=3,c=4　　B) b=2,c=3

C) b=3,c=3　　　D) b=4,c=5

12. 若有如下程序,则程序运行后的结果是________。

```
main()
{  int a[5]={2,4,6,8,10 }, i, *p=&a[2], sum=0;
   for (i=1;i<=2;i++ )a[i]=a[i]+*p++;
   for (i=1;i<3;i++) printf("%d  ",a[i]);
}
```

A) 10　14　　B) 10　16　　C) 11　12　　D) 11　16

13. 有如下程序,若在键盘上输入"Welcome to China"则程序运行后的结果是________。

```
#include <stdio.h>
#include <string.h>
main()
{  char str1[80],str2[]="Hello! ", *p=str1;
   scanf("%s",str1);
   strcat(p+3,str2);
   printf("%s\n",str1);
}
```

A) Welcome to China Hello!

B) WelcomeHello!

C) come to China Hello!

D) comeHello!

14. 若有如下结构体的定义,则下列语句正确的是________。

```
struct student
{  char name[20];
   char sex;
   int age;
   int score;
} stud, stud1;
```

A) stud.sex="F";

B) stud.name="LiLi";

C) printf("%s, %c, %d, %d\n", stud);

D) stud1=stud;

15. 下列是一个自定义的函数头部,正确的是________。

A) int fun(int *a, int b);

B) int fun(int *a, b)

C) int fun(int *a, int b)

D) int fun(int *, int);

二、试写出下列程序的输出结果(每小题 3 分,共 6 题,18 分)

1. 以下程序的输出结果是________。

```
#define  MUL(a,b) a * b
main()
{  int a=5,b=3,c=4;
   long e;
   e=MUL(a-1,b+2)*4;
   printf("e=%ld",e);
}
```

2. 以下程序的输出结果是________。

```
void fun(int *s)
{  static int i=1;
   do
      s[i]+=s[i+1];
   while(++i<3);
}
main()
{  int a[5]={1,2,3,4,5},i;
   for (i=1;i<=2;i++) fun(a);
   for (i=1;i<4;i++) printf("%d\t",a[i]);
}
```

3. 在键盘上输入 Welcome,则以下程序的输出结果是________。

```
void fun(char str[],int m)
{  char s;
   int i=0,j=m-1;
   while(i<j)
   {
      s=str[i++]; str[i]=str[j--]; str[j]=s;
   }
}
main()
{  char str[80];
   gets(str);
   fun(str,strlen(str));
   puts(str);
}
```

4. 当在键盘上输入 abc234def23# $ a2,则以下程序的输出结果是________。

```
void function(char *str)
{  char *p=str;
   while (*p)
   {
```

```
    if (*p>='0' && *p<='9')
      p++;
    else
    {*str=*p; str++; p++;}
    }
    *s='\0';
}
main()
{  char str[80];
   gets(str);
   function(str);
   puts(str);
}
```

5. 以下程序的输出结果是________。

```
void fun(int a[],int n, int *min, int max)
{  int i=0;
   for (i=0;i<n;i++)
   {  if (a[i]>max)  max=a[i];
      if (a[i]<*min)  *min=a[i];
   }
}
main()
{  int a[5]={24,5,9,23,46}, min=1000, max=0;
   fun(a,5,&min,max);
   printf("min=%d, max=%d", min, max);
}
```

6. 以下程序的输出结果是________。

```
main()
{  int x=1,y=0,a=0,b=0;
   for(x=1; x<3; x++,y++)
   {  switch(x)
      {  case 1:
         case 2:a++;b++;break;
      }
      if (x%2)
         continue;
      printf("a=%d,b=%d\n",a,b);
   }
}
```

三、填空题(每空 2 分,共 10 空,20 分)

1. 该程序的功能是使用选择法对数组中的元素排序(从小到大),请填空。

```
void select_sort(int a[], int n)
{  int i,j,p,t;
   for(i=0;i<n-1;i++)
   {
     __(1) _______;
     for (j=i+1;j<n;j++)
       if (a[j]<a[p]) p=j;
     if (p!=i)
       {t=a[p];a[p]=a[i]; a[i]=t;}
   }
}
main()
{  int a[5]={9,34,2,21,7},i;
   select_sort(__(2) _______);
   for (i=0;i<5;i++)
     printf("%d\t",a[i]);
}
```

2. 该程序的功能是求 1!+2!+…+10! 的和,请填空。

```
main()
{  double sum,t;
   int i;
   __(3) _______;
   t=1;
   for (i=1;i<=10;i++)
   {
     __(4) _______;
     sum=sum+t;
   }
   printf("sum=%lf\n",sum);
}
```

3. 该函数的功能是输入两个字符串,将对应字符交叉组成第三个字符串,最后输出第三个字符串。如输入的字符串分别为"1234"和"abcd",则合并后的第三个字符串为"1a2b3c4d"。若两个字符串的长度不等,则将多余的部分放在结果字符串的尾部。请填空。

```
main()
{  char s1[100],s2[100],s3[200];
   int len1,len2,min,i,k;
   gets(s1);
   gets(s2);
```

```
    len1 = strlen(s1);
    len2 = strlen(s2);
    __(5) _______;
    for (i=0,k=0;i<min;i++)
    {       s3[k++] = s1[i];
      s3[k++] = s2[i];
    }
    if (len1 < len2)
      for (i=0;i<len2 - len1;i++)
         s3[k+i] = s2[min+i];
      else
          for (i=0;i<len1 - len2;i++)
            s3[k+i] = s1[min+i];
    __(6) _______;
    printf("%s\n",s3);
}
```

4. 该程序的功能是约简分数,即用分子分母的最大公约数去除分子分母。请填空。

```
void lowterm (int *num, int *den)
{  int n,d,r;
   n = *num;
   d = *den;
   while (__(7) ________ )
   {r = n%d;n = d;d = r;}
   if (n >1)
   {*num = *num/n;    *den = *den/n;}
}
main()
{  int a =24, b =18;
   printf("Fraction: %d/%d\n",a,b);
   lowterm(__(8) ________ );
   printf("After reduction: %d/%d\n",a,b);
}
```

5. 下面程序的功能是判断一个字符串是否是正向拼写与反向拼写都一样的"回文",如"ABCDCBA"就是一个回文。若放宽要求,及忽略大小写字母的区别,忽略空格及标点符号等,则象"AB, CDcba"之类的短语也可视为回文。请填空。

```
#include <stdio.h>
#include <string.h>
#include <ctype.h>
int palin(char *s)
```

```
{
   char *p1,*p2;
   int len;
   __(9) _______;
   for (p1 = s,p2 = s + len;p1 < p2;p1 ++ ,p2 -- )
   {
     if (!isalpha(*p1)) p1 ++; /* isalpha 判断是否为字母字符,ctype.h */
     if (!isalpha(*p2)) p2 --;
     if (toupper(*p1)!= toupper(*p2)) /* toupper 表示将字符转换成大写 */
        __(10) _______ ;
   }
   return 1;
}
main()
{  char s[100];
   int palindromia;
   gets(s);
   palindromia = palin(s);
   if (palindromia == 1) printf("yes \n");
   else printf("no \n");
}
```

四、编程题(共32分:第1题8分,第2题14分,第3题10分)

1. 已知4*4的二维整数数组和待查询的数据x,要求编写程序查找x在该二维数组中的位置。若找到,输出该数在数组中出现的行列下标(若有多个,则依次输出);若未找到,输出“未找到该数据!”,要求从键盘上输入二维数组的元素值和待查询的数据x。

2. 给定二维数组,其初值为:

$$a = \begin{vmatrix} 1 & 2 & 3 & 4 \\ 5 & 6 & 7 & 8 \\ 9 & 10 & 11 & 12 \\ 13 & 14 & 15 & 16 \end{vmatrix}$$

(1) 编写函数void function(int a[4][4]),实现对数组a中的元素进行关于主对角线转置。

(2) 在主函数中完成a数组的初始化,调用function函数,实现转置,并分别将转置前和转置后的数组输出到myf.out文件中。要求数据的输出、数据文件的打开、使用和关闭都要用C语言的文件管理语句来实现。

3. 编写一个函数void rotate(char *str, int n),将包含有n个有效字符的字符串str中的字符循环右移一位。循环右移一位的含义是字符依次向后移动一位,最后一位移到最左边。如原字符串为“hello!”,移位一位后应该是“! hello”。要求在主函数中定义数组str并通过输入语句进行赋值,调用rotate()函数,将字符串中字符循环右移一位,最后将结果字符串输出。

笔试样卷答案

一、选择题（单选题，每小题 2 分，共 15 题，30 分）

1～5 CCCDD　6～10 ADBBA　11～15 CABDC

二、试写出下列程序的输出结果（每小题 3 分，共 6 题，18 分）

1. 10　2. 5 7 9（每个 1 分）　3. WeWWeWe　4. abcdef# $ a

5. min = 5, max = 0（每个 1.5 分）　6. a = 2, b = 2（每个 1.5 分）

三、填空题（每空 2 分，共 10 空，20 分）

（1）p = i;　（2）a, 5　（3）sum = 0;　（4）t = t * i;

（5）min = len1 < len2 ? len1 : len2;　（6）s3[k + i] = '\0'　（7）d! = 0　（8）&a, &b

（9）len = strlen(s);　（10）return 0;

四、编程题（共 32 分：第 1 题 8 分，第 2 题 14 分，第 3 题 10 分）

第 1 题

```
#include <stdio.h>
main()
{  int a[4][4],i,j;                                    //1 分
   int x,flag=0;                                       //1 分

   printf("input each element of arrary a:");
   for (i=0;i<4;i++)
      for (j=0;j<4;j++)
        scanf("%d",&a[i][j]);                          //2 分

   printf("input x:");
   scanf("%d",&x);                                     //1 分
   for  (i=0;i<4;i++)
      for (j=0;j<4;j++)
        if (x==a[i][j])
         {  printf("i=%d\tj=%d\n",i,j); flag=1;}        //2 分
   if (flag==0)
      printf("failed to find");                        //1 分
}
```

第 2 题

```
#include <stdio.h>                                      //1 分
void function (int a[4][4])                             //1 分
{  int i, j, t;
```

```
    for (i=0;i<4;i++)
      for (j=0;j<i;j++)
      {  t=a[i][j]; a[i][j]=a[j][i]; a[j][i]=t; }        //2分
}
main()
{  int a[4][4]=
   {{1,2,3,4},{5,6,7,8},{9,10,11,12},{13,14,15,16}},i,j;  //1分
   FILE *fp;                                               //1分
   fp=fopen("myf.out","w");                                //1分
   fprintf (fp,"before transpose:\n");
   for (i=0;i<4;i++)
   {  for (j=0;j<4;j++)
          fprintf(fp,"%d\t",a[i][j]);
      fprintf(fp,"\n");
   }                                                       //2分
   fprintf (fp,"after transpose:\n");
   function(a);                                            //2分
   for (i=0;i<4;i++)
   {  for (j=0;j<4;j++)
          fprintf(fp,"%d\t",a[i][j]);
      fprintf(fp,"\n");
   }                                                       //2分
   fclose(fp);                                             //1分
}
```

第3题

```
#include <stdio.h>
#include <string.h>                                        //0.5分
void rotate(char *str, int n)                              //1分
{  int i; char c;                                          //0.5分
   c=str[n-1];                                             //1分
   for (i=n-1;i>0;i--)
     str[i]=str[i-1];                                      //2分
   str[0]=c;                                               //1分
}
```

或

```
void rotate(char *str, int n)
{  char *p, t;
   t=*(str+n-1);
   for(p=str+n-1; p>str; p--)
     *p=*(p-1);
   *str=t;
```

```
}
main()
{  char str[80];                              //0.5 分
   scanf("%s",str);                           //1 分
   rotate(str,strlen(str));                   //2 分
   puts(str);                                 //0.5 分
}
```

附录A　要求掌握的基本算法

备注:实验中已出现的题目,这里不给程序;未出现的,这里给程序。

1. 分段函数的计算(如数学分段函数、一元二次方程求解)

2. 多项式累加和、累乘积(1) 根据通项大小结束循环(2) 规定循环次数

3. 求素数(1) 求某范围内的素数(2) 验证哥德巴赫猜想

4. 牛顿迭代求 a 的平方根

迭代公式为 $x_{n+1} = \frac{1}{2}\left(x_n + \frac{a}{x_n}\right)$,要求前后两次求出的 x 的差的绝对值小于 10^{-5}。

```
#include <stdio.h>
#include <math.h>
main()
{  float a, x0, x1;
   printf("Please input a number: ");
   scanf("%f", &a);
   x1 =a/2;
   do
   {  x0 =x1;
      x1 = (x0 +a/x0)/2;
   } while(fabs(x1 -x0) > =1e -5);
   printf("The square root of % .2f is % .4f \n", a, x1);
}
```

5. 求最大公约数、最小公倍数

求最大公约数算法(1) 根据数学定义(2) 辗转相除法(3) 大数减小数直至两数相等

求最小公倍数算法(1) 根据数学定义(2) 两个数的乘积除以最大公约数

6. 数的分解(硬性分解、循环分解、递归实现分解)

常见例子(1) 对 n 位数正向、逆向输出(2) 求某范围内的满足一定条件的数,如 n 位逆序数、3 位数的水仙花数(3) 磁力数中数的分解,分解到数组元素中。

7. 数的合并(类似于乘权求和)

例1:　磁力数中数的合并。已知 int a[10], k, i, num; 数组 a 中有 k 个元素 a[0]、a[1]、…、a[k -1],其中 a[0]是最高位、a[k -1]是最低位(个位),将 a[0]到 a[k -1]合并成一个整数 num,程序段如下:

```
num=0;
for(i=0; i<k; i++)
   num=num*10 +a[i];
```

例2:　编写程序,将一个十六进制的数字符串转换成相应的十进制整数。如字符串

"A5",对应的与其等值的十进制数为 165。

```
#include <stdio.h>
int htod(char *);  //函数原型声明
main()
{  char s[80] = "A5";
   printf("%d\n", htod(s));
}
int htod(char s[80])
{  int i, n, num=0;
   for(i=0; s[i]!='\0'; i++)
   {  if(s[i]>='0' && s[i]<='9') n=s[i]-'0';
      else if(s[i]>='a' && s[i]<='f') n=s[i]-'a'+10;
      else n=s[i]-'A'+10;
      num=num*16+n;
   }
   return(num);
}
```

8. 一维数组排序(选择法及其变种、冒泡法、*插入法(*前插、*后插))

9. 一维数组逆置(含整型数组逆置和字符数串逆置等,变形:回文判定等)

10. 数组归并(或合并),指两个有序数组合并成一个有序数组。

例题如实验十一第 4 题。

11. 一维数组查找(顺序查找、折半查找)

12. 一维数组插入元素、删除元素

例 1:给定一维升序整型数组 a[10],其前 7 个值为 0、2、4、6、8、10,12,编一程序,要求做一个单循环,循环 3 次分别将 -1、8、13 插入到数组,使新数组仍为升序

例 2:删除一维数组中值为 c 的元素。例:输入一个字符串 s,输入一个字符 c,删除字符串中出现的字符 c 后,输出余下的字符。例如输入字符串"warrior"及字符'r',则结果字符串为"waio"。

13. 求一维数组元素的最大值、最小值、平均值,要求在被调函数中完成,即用数组名及元素个数做参数,返回计算结果。

14. 扫描一维数组求满足条件的元素个数,如素数个数、偶数个数、正数个数等。

15. 自行编写函数(如 my_strlen())实现字符串基本操作,即完成与系统库函数 strlen(), strcpy(), strcat(), strcmp()相同的功能。

16. 求二维数组元素的最大值、最小值、平均值,要求在被调函数中完成,即用数组名做参数,返回计算结果。

17. 二维数组转置(变种:判断矩阵是否主对角线对称、求左下右上三角形元素之和)

18. 求二维数组对角线元素之和。可以主对角线和辅对角线分别求和,也可把两条对角线元素之和加在一起,此时若二维数组为奇数阶,数组中心点元素只能累加一次。

19. 求二维数组周边元素之和

算法 1:数组全体元素之和减去内部元素之和。

算法 2：扫描数组全体元素，若元素在周边上，则累加。

20. 扫描二维数组全体元素，求满足条件的元素个数，如素数个数、偶数个数、负数个数等。

*21. 矩阵乘法

*22. 求方程的根（弦截法，二分法，牛顿迭代法）

*23. 定积分的计算（梯形法、矩形法）

附录 B　第二部分　习题参考答案

第 1 章　C 语言概述

1. A　2. A　3. B　4. B　5. D　6. A

第 2 章　数据类型、运算符和表达式

1. B　2. C　3. D　4. B　5. A　6. C　7. A　8. B　9. A　10. C　11. B　12. (1) n%10　(2) n/10　13. 1　14. D　15. 1,2,1,1　16. 8,2 A,p,A　17. B　18. 9,10　19. 45　20. -18　21. 3 0 1　22. 3,3　23. 6　24. 5,2,5　25. 1　26. -7　27. 249

第 3 章　标准设备的输入/输出

1. A　2. (1) "%lf",&r　(2) t>0 && r>=0　(3) 4.0/3*PI*r*r*r　3. B

第 4 章　C 语言的流程控制

1. C　2. yes　3. a=2, b=0　4. -1 is a negative odd　5. A　6. A　7. B　8. (1) i%11 !=0 或 i%11　(2) j==6　9. AB　10. a=2, b=1　11. 3,7　12. -1, -1　13. 5050　14. (1) i=1; i<=9; i++　(2) j=1; j<=i; j++　15. B　16. (1) r<=0　(2) year%4==0&&year%100!=0||year%400==0　17. (1) r=a%b　(2) tmp_a*tmp_b/b　18. (1) tmp　(2) tmp/=10　19. (1) f1=f1+f2　(2) f2=f2+f1　20. (1) i=2; i<=b; i++　(2) i>=b+1　21. (1) op　(2) ! y 或 y==0　(3) break　22. (1) t=t*i/(2*i+1)　(2) 2*pi　23. (1) x1=(x+a/x)/2　(2) x1-x

第 5 章　函　数

1. (1) retutn　(2) 1　(3) 函数的类型　(4) 无返回值　2. #include <ctype.h>　3. B　4. C　5. B　6. B　7. C　8. B　9. x=50,y=500,z=0　10. D　11. A　12. D　13. B　14. B　15. B　16. C　17. B　18. 465　19. 0123321　20. 7　21. B　22. A　23. B　24. D　25. A　26. D　27. C　28. C　29. D　30. C　31. C　32. (1) n=1　(2) s

第 6 章　编译预处理

1. A　2. B　3. C　4. B　5. 1　6. -20　7. A　8. B　9. A

第 7 章　数　组

1. 2　2. 9　3. B　4. D　5. D　6. B　7. C　8. A　9. B　10. A　11. D　12. D　13. C　14. B　15. D　16. C　17. 12　18. 5　9　12　19　24　26　37　48　19. 10　9　8　7　6　5　4　3　2　1　20. 4280　21. 3 5 7　22. -3　-1　1　3　23. EDCBA　24. Itisbook　25. C　26. (1) a[k++]=a[j]　(2) a[k]='\0'　27. (1) b[i]=a[i][0]　(2) b[i]<a[i][k]

第 8 章　结构体、共用体和枚举类型

1. D　2. D　3. A　4. D　5. C　6. A　7. B　8. C　9. 8　10. 4　8　11. 3

12. Yellow　13. 4　14. B　15. C　16. A　17. B　18. C

第9章　指　针

1. 20　2. 5　3. 数组首地址　4. (1) fun是返回值为int *类型的函数　(2) fun是函数指针　5. (1) s[i]='\0' (2) p=s　6. (1) s[j+1]=s[j]; (2) s[j+1]=t;　7. (1) i+1 (2) m--　(3) *(a+i-1)　8. (1) substr[k]==str[j]　(2) i　(3) num (4) str,substr,c　9. (1) strlen(s)-1 (2) j>=0&&j<=9　(3) *s='\0'　10. B　11. D　12. D　13. D　14. D　15. C　16. A　17. A　18. A　19. A　20. D　21. C　22. A　23. A　24. C　25. 6　7/n　7　6　26. 6howareyou　27. 66　28. 6　6　29. 165561　30. 9　9　11　31. D　32. 7　33. C

第10章　链表及其算法

1. struct link *next;　2. p=p->next;　3. (1) p　(2) p1->next　(3) p2　(4) NULL　4. (1) p1->next!=NULL&&p1->data!=num　(2) head=head->next　(3) p2->next=p1->next　5. C　6. D　7. A　8. D

第11章　数据文件的使用

1. (1) fopen(fname,"w")　(2) ch　2. D　3. B　4. A　5. B　6. B